science 青少年

KEPU BAIJIA JIANGTAN

及科学知识，拓宽阅读视野，激发探索精神，培养科学热情。

保护地球

★ 包罗各种科普知识，汇集大量精美插图，为你展现一个生动有趣的科普世界，让你体会发现之旅是多么有趣，探索之旅是多么神奇！

吉林出版集团
北方妇女儿童出版社

图书在版编目(CIP)数据

保护地球 / 李慕南,姜忠喆主编. —长春:北方妇女儿童出版社,2012.5(2021.4重印)
(青少年爱科学. 科普百家讲坛)
ISBN 978-7-5385-6338-2

Ⅰ.①保… Ⅱ.①李… ②姜… Ⅲ.①环境保护-青年读物②环境保护-少年读物 Ⅳ.①X-49

中国版本图书馆 CIP 数据核字(2012)第 061742 号

保护地球

出版人 李文学
主编 李慕南 姜忠喆
责任编辑 赵凯
装帧设计 王萍
出版发行 北方妇女儿童出版社
地址 长春市人民大街 4646 号 邮编 130021
电话 0431-85662027
印刷 北京海德伟业印务有限公司
开本 690mm × 960mm 1/16
印张 13
字数 198 千字
版次 2012 年 5 月第 1 版
印次 2021 年 4 月第 2 次印刷
书号 ISBN 978-7-5385-6338-2
定价 27.80 元

前　言

科学是人类进步的第一推动力，而科学知识的普及则是实现这一推动力的必由之路。在新的时代，社会的进步、科技的发展、人们生活水平的不断提高，为我们青少年的科普教育提供了新的契机。抓住这个契机，大力普及科学知识，传播科学精神，提高青少年的科学素质，是我们全社会的重要课题。

一、丛书宗旨

普及科学知识，拓宽阅读视野，激发探索精神，培养科学热情。

科学教育，是提高青少年素质的重要因素，是现代教育的核心，这不仅能使青少年获得生活和未来所需的知识与技能，更重要的是能使青少年获得科学思想、科学精神、科学态度及科学方法的熏陶和培养。

科学教育，让广大青少年树立这样一个牢固的信念：科学总是在寻求、发现和了解世界的新现象，研究和掌握新规律，它是创造性的，它又是在不懈地追求真理，需要我们不断地努力奋斗。

在新的世纪，随着高科技领域新技术的不断发展，为我们的科普教育提供了一个广阔的天地。纵观人类文明史的发展，科学技术的每一次重大突破，都会引起生产力的深刻变革和人类社会的巨大进步。随着科学技术日益渗透于经济发展和社会生活的各个领域，成为推动现代社会发展的最活跃因素，并且成为现代社会进步的决定性力量。发达国家经济的增长点、现代化的战争、通讯传媒事业的日益发达，处处都体现出高科技的威力，同时也迅速地改变着人们的传统观念，使得人们对于科学知识充满了强烈渴求。

基于以上原因，我们组织编写了这套《青少年爱科学》。

《青少年爱科学》从不同视角，多侧面、多层次、全方位地介绍了科普各领域的基础知识，具有很强的系统性、知识性，能够启迪思考，增加知识和开阔视野，激发青少年读者关心世界和热爱科学，培养青少年的探索和创新精神，让青少年读者不仅能够看到科学研究的轨迹与前沿，更能激发青少年读者的科学热情。

二、本辑综述

《青少年爱科学》拟定分为多辑陆续分批推出，此为第五辑《科普百家讲

坛》,以“解读科学,畅想科学”为立足点,共分为10册,分别为:

1.《向科技大奖冲击》

2.《当他们年轻时》

3.《获得诺贝尔奖的科学家们》

4.《科学家是怎样思考的》

5.《科学家是怎样学习的》

6.《尖端科技连连看》

7.《未来科技走向何方》

8.《科技改变世界》

9.《保护地球》

10.《向未来出发》

三、本书简介

本册《保护地球》内容包括地球家园及其爱护知识、生物多样性保护知识、多种防止环境污染知识、工农业协同发展知识、科学发展观知识等。分别介绍了环保的基本概念、大气污染与危害、水环境污染与危害、噪声污染与危害的基础环保知识,提供了在污染中如何保护自己的简易方法;还介绍了人们比较关心的室内空气污染,为消除居室污染提供了一些简单实用的方法;对与百姓生活密切相关的环境问题,如食品、农药、化肥、日用化学品的污染及环境激素对人的影响也作了介绍。本书通过介绍基本的环保知识,来倡导绿色消费,树立“环保从我做起,从现在做起”的生活理念。全书图文并茂,可读性强,文字深入浅出,通俗易懂,是深入贯彻科学发展观、建设和谐社会和环境友好型社会新形势下一部不可多得的科普新书。

本套丛书将科学与知识结合起来,大到天文地理,小到生活琐事,都能告诉我们一个科学的道理,具有很强的可读性、启发性和知识性,是我们广大读者了解科技、增长知识、开阔视野、提高素质、激发探索和启迪智慧的良好科普读物,也是各级图书馆珍藏的最佳版本。

本丛书编纂出版,得到许多领导同志和前辈的关怀支持。同时,我们在编写过程中还程度不同地参阅吸收了有关方面提供的资料。在此,谨向所有关心和支持本书出版的领导、同志一并表示谢意。

由于时间短、经验少,本书在编写等方面可能有不足和错误,衷心希望各界读者批评指正。

本书编委会

2012年4月

目　　录

地球上的主要资源 …… 1
地球生命的保护伞 …… 4
水的重要作用 …… 8
大自然的“总调度室” …… 11
保护草原 …… 14
了解湿地 …… 17
了解河流 …… 20
海洋是一个资源宝库 …… 23
生物圈是地球生物的大家庭 …… 26
生物多样性 …… 28
南极对于人类的价值 …… 31
北极是人类资源的巨大宝库 …… 34
可怕的空气污染 …… 37
不美丽的雾 …… 41
水污染 …… 44
噪声污染 …… 47
热污染 …… 50

光 污 染 …… 52
白色污染 …… 55
城市垃圾 …… 57
电磁辐射污染 …… 61
电子垃圾污染 …… 63
可怕的“世纪之毒” …… 66
“空中死神”酸雨 …… 69
赤潮 …… 72
地球也会发高烧 …… 75
陆地“杀手”沙尘暴 …… 77
厄尔尼诺现象 …… 80
外来物种入侵 …… 83
矿物燃料还能开采多久 …… 86
人类是物种灭绝的罪魁祸首 …… 89
为藏羚羊呼救 …… 93
环保纪念日的由来 …… 96
我国著名的自然保护区 …… 99
防治工业污染的最佳途径 …… 102
发展生态农业 …… 105
绿色产品 …… 108
绿色电力 …… 111
可利用的新能源 …… 114
呼唤太阳能时代 …… 118
不能乱丢废旧电池 …… 122
实行垃圾分类 …… 125
生态建筑 …… 128

纳料技术在治理污染方面的作用 …………………… 131
我们能为环保做些什么 …………………… 134
可持续发展的意义 …………………… 137
人类的觉醒 …………………… 140
国际绿十字会 …………………… 142
我们只有一个地球 …………………… 143
“地球日”的诞生 …………………… 151
“世界环境日”诞生 …………………… 154
地球节日 …………………… 156
让地球告诉人类 …………………… 159
地球会议 …………………… 161
环境监测管理 …………………… 162
自然保护区 …………………… 163
生态效率 …………………… 164
保护野生生物 …………………… 165
保护生物的多样性 …………………… 166
环境的自净作用 …………………… 167
人与生物圈计划 …………………… 168
动物的变异 …………………… 169
环境保护的“义务尖兵” …………………… 170
地球的“肺叶” …………………… 171
“绿色博物馆” …………………… 172
“三北”防护林体系 …………………… 173
森林虫害 …………………… 174
屋顶绿化 …………………… 175
城市绿化 …………………… 176

氧化塘 …… 177

生态住宅 …… 178

地下开拓生存空间 …… 179

废报纸的多种用途 …… 180

回收废纸，保护森林 …… 181

粉煤灰变资源 …… 182

环保家具 …… 183

海洋环境疗法 …… 184

生态工艺 …… 185

坎儿井 …… 186

恢复沼泽地 …… 187

资源化利用垃圾 …… 188

水土流失需要综合治理 …… 189

发展沼气 …… 190

可降解性塑料 …… 191

生态农场 …… 192

健康纤维 …… 193

加快禁烟步伐 …… 194

野生植物，热门食物 …… 195

控制使用合成色素 …… 196

黑色食品 …… 197

绿、蓝、白农业 …… 198

环境污染物的“解毒剂” …… 199

天然矿泉水 …… 200

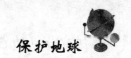

地球上的主要资源

人类的生活一天也离不开地球母亲提供的资源。观察一下我们自己从早到晚的活动，从起床、早餐、上学、工作、做饭、洗衣、看电视、看书、睡觉等等，我们都在不断地使用水、各种能源、农产品和工业品。人们生活生产中的这些用品、工具都是由地球资源加工做成的，在加工这些工具和用品的时候，也需要耗用大量的能源和淡水资源。

人类的发展强烈地依赖着地球资源，一旦大自然停止了原料的供给，我们将会彻底失去生存的条件。有人说："糟蹋地球资源实际上是在毁灭自己的

亚马孙河流域拥有丰富的淡水和物种资源

油田采油是人类获取化石资源的手段

生存基础”，这句话可谓一针见血。那么，地球上的资源主要有哪些？它们对于人们的生活有什么重要的意义？让我们来了解一下吧。

地球资源指的是地球能提供给人类衣、食、住、行、医所需要的物质原料，也称为“自然资源”。陆地上重要的自然资源有六种，它们是：淡水、森林、土地、生物种类、矿山和化石燃料（煤炭、石油和天然气）。

地球上的这些自然资源又可分为“可再生”与“不可再生”两大类。可再生的自然资源指的是在太阳光的作用下，可以不断自我再生的物质。最典型的可再生资源有植物、生物质能、太阳能、风能等。地球上不可再生的自然资源主要有石油、煤炭、天然气和其他所有矿产资源。它们经过了上亿年才得以形成，因此不可再生。人类的消耗使得这类资源越来越少。

飞禽走兽都是地球上的重要资源

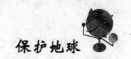

保护资源、合理利用资源是人类的重要责任

在可再生资源中，植物资源与人们的生活息息相关。地球上的植物约40万种，人类已经命名了其中的近25万种。有3000种植物被人类作为农作物试种过，然而只有300种被试种成功，其中100种用于大规模耕种，给人类提供食物、油料、棉花、蔗糖等重要生存物质。目前，全世界人类的主要粮食绝大部分来自于8种植物：小麦、稻米、玉米、大麦、燕麦、高粱、小米和黑麦。每年全球粮食的总产量约为15~16亿吨。女果全球都停止生产粮食，世界的存粮大约只能维持全人类生存40天左右。

地球上的不可再生资源对人类的生产生活也是异常重要的。目前，全世界使用的能源有百分之九十是从化石燃料中提取的，它们就是煤炭、石油和天然气。化石燃料都是经历了漫长的地质时间才得以形成的，不可再生。

值得注意的是，地球上的生物物种也是宝贵的不可再生自然资源。任何一种生物的灭绝意味着地球永久性地丢失了一个物种独特而珍贵的基因库。因此，如果是由人类活动造成的物种灭绝，其损失将无法估量。

中国是一个资源大国，有土地、淡水、森林、矿产、海洋、内陆水产和动植物等多种。但由于我国人口多，使自然资源的人均占有量都在世界平均值以下，典型的几项数据有：淡水资源为世界人均的1/4，森林资源为1/9，耕地资源为1/5（为美国的1/10），45种主要矿产资源为1/2。因此，我们不应该总是津津乐道地大物博。分配开来，我国是一个资源相对匮乏的国家，对于我们来说，保护资源、合理利用资源显得更为重要。

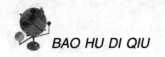

地球生命的保护伞

地球上一切生命所需的能量都来自太阳。但如果太阳光不受任何阻挡直接照到地球上，地球上的生物将会毁灭殆尽。为什么呢？太阳辐射的紫外线对生物具有极强的杀伤力。幸运的是，在地球的大气层中包含着一层薄薄的臭氧层，它就像过滤器和把保护伞，能够阻止太阳光中99%的有害紫外线，有效地保护地球上生物的生存，使地球成为人类可爱的家园。

但是，目前全球臭氧层遭受到严重的破坏，臭氧含量在不断地减少，愈是高纬度地区明显，两极上空则是集中反映。两极上空则是臭氧遭受破坏的

大气与我们生活密切相关

臭氧层保护着地球

集中反映。南极上空出现了迄今最大的臭氧层空洞，其面积达到2 830万平方千米，超出我国领土面积两倍以上，相当于美国领土面积的3倍。

大家都知道，南极是一个非常寒冷的地区，终年被冰雪覆盖，四周环绕着海洋。20世纪80年代以来，人们发现南极上空的臭氧变得越来越稀薄，而且每到春天南极上空平流层的臭氧层都会发生急剧的大规模耗损。目前，极地上空臭氧层的中心地带，近95%的臭氧已被破坏。从地面向上观测，高空的臭氧层已极其稀薄，与周围相比像是形成了一个“洞”，直径上千千米，“臭氧空洞”就是因此而得名的。为什么会出现臭氧空洞呢？专家们认为，这主要是人类大量使用氟利昂引起的恶果。

氟利昂是由人制造出的化学物质，在制作冰箱、空调时被使用。它对人体无害。20世纪30年代杜邦公司发明这种物质时，曾被誉为是“20世纪最大的发现”。然而，几十年后，人们却发现它在太阳紫外线的强烈辐射下，分子会被分解，释放出氯原子。正是这个氯原子喜欢同臭氧分子发生反应，把臭氧分子中的1个氧原子夺过来。这样一来，臭氧就变成了普通的氧气。更可气的是，氯原子的生存能力很强，一般一个氯原子可以吃掉10万个臭氧分子。所以，地球上空的臭氧层越来越薄了，臭氧空洞也越来越大了。

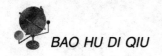

臭氧层中臭氧含量的减少等于在我们的头顶上开了天窗，大量紫外线照射进来。科学家认为，大气层中的臭氧含量每减少1%，地面受太阳紫外线的辐射量就增加2%，人类患皮肤癌者就会增加5%至7%。臭氧层的减少还会损害人的免疫系统，使患呼吸道疾病的人增多，白内障的发病率将上升0.6%~0.8%。紫外线的增加，还会引起海洋浮游生物及虾、蟹幼体和贝类的大量死亡，进而影响食物链，造成某些物种灭绝。

即使人类从今天开始停止使用臭氧杀手——氟利昂，氟利昂对臭氧的破坏作用也不能在短时间内消除。因为，从20世纪的30年代初到90年代的五

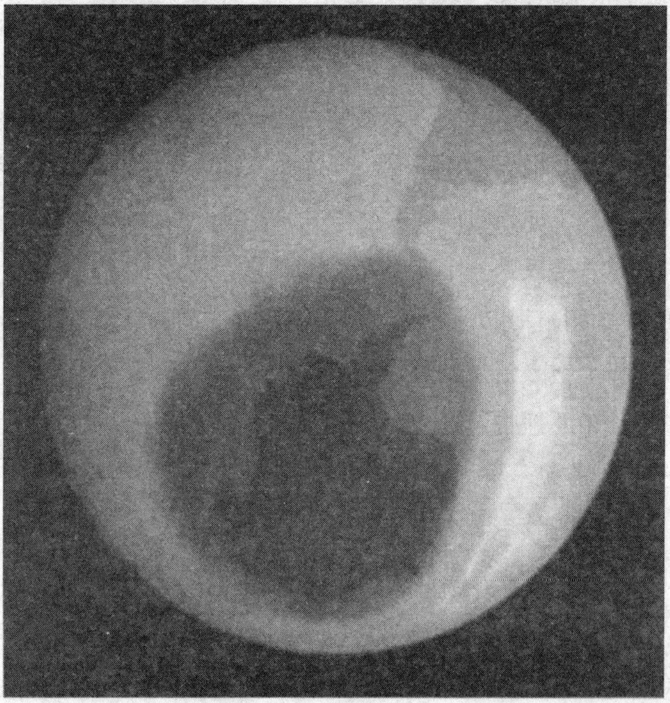

南极上空的“臭氧空洞”

过量的紫外线也危害着人类健康

六十年中，人类总共生产了1 500万吨氟利昂。它们将在今后几十年内逐渐上升到平流层，继续破坏臭氧层。面对如此严峻的形势，传说中的女娲娘娘还会出来替人类补天吗？人类应该做些什么才能弥补自己的过失呢？目前唯一的“补天术”就是减少和停止使用含氟利昂的产品。面对已经闯进来的紫外线，我们首先要做好保护自己的工作，比如夏天出门时要带上遮阳帽，墨镜等等来保护我们的面部皮肤和眼睛。

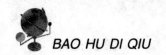

水的重要作用

水是地球上分布最广的物质之一，是我们环境的一个重要组成部分。我们地球表面的71%被海洋所覆盖，如果将海洋中所有的水均匀地铺盖在地球表面，地球表面就会形成一个厚度约三千米的水圈。所以有人说地球的名字应该叫作“水球”。

从地球上生命的起源到人类社会的形成，从生产力低下的原始社会到科学技术发达的现代社会，人与水结下了不解之缘。水既是我们生存的基本条件，又是社会生产必不可少的物质资源。没有水，就没有人类社会的今天。

水与空气、食物是人类生命和健康的三大要素。人体重量的50% ~60%由水组成，儿童体内的水分更高达80%。可以说，没有水就没有生命。但地

瀑布是一种淡水资源，它也蕴含着巨大的能量

山有水则有灵气

球上的淡水资源只占地球水资源总量的2.5%，在这2.5%的淡水中，可供直接饮用的只有地球总水量0.26%。所以说，水是人类的宝贵资源，是生命之泉。

水与生命的产生密切相关。大约在四十多亿年前，由于地质运动的持续作用，原始地球逐渐形成了原始海洋。科学家们认为，在早期的原始海洋中，蛋白质和核酸等有机物，与水浑然一体；经过亿万年的发展和聚合，形成了“团聚体”的多分子体系，与水分隔开来；独立出来的多分子体，从环境中吸收物质，扩充和改造自己，同时排出“废物”，使自己的化学组织部分不断自我更新，这样生命就宣告诞生了。因此，人们总是说：海洋是生命的摇篮，生命来源于水。

随着生物的进化，人类出现了，人类社会发展到今天，更是一刻也离不开水。

水是工业生产的血液。它参与工矿企业生产的一系列重要环节，在制造、加工、冷却、净化、空调、洗涤等方面发挥着重要的作用。例如，在钢铁厂，靠水降温保证生产；钢锭轧制成钢材，要用水冷却；锅炉里更是离不了水。

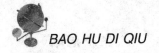

绿色的草坪要靠水浇灌

制造1吨钢，大约需用25吨水。水在造纸厂是纸浆原料的疏解剂、稀释剂、洗涤剂、运输介质和药物的溶剂，制造1吨纸需用450吨水。火力发电厂冷却用水量十分巨大，同时，也要消耗部分水。

水是农业生产的命根子。农业作物含有大量的水，约占它们自重的80%，蔬菜含水90%～95%，水生植物竟含水98%以上。水参与着几乎所有的生命功能，它为植物输送养分；参加光合作用，制造有机物。通过蒸发水分，植物使自己保持稳定的温度，不致被太阳灼伤。植物浑身是水，而作物一生都在消耗水。科学家计算过，1千克玉米，是用368千克水浇灌出来的；同样的，小麦需要513千克水，棉花需要648千克水，水稻竟高达1 000千克水。一籽下地，万粒归仓，农业的大丰收，水才是最大的功臣。

水是人类的生命之源

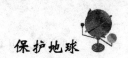

大自然的“总调度室”

我们都知道，森林能够生产木材、果实、油料、药材等林产品。然而，却很少有人知道，森林还有巨大的生态价值，而且森林的生态价值常常大过林产品价值的几倍到十几倍。

森林是地球的肺，它吸进去的是二氧化碳，吐出来的却是氧气。森林的储水能力非常强，郁郁葱葱的森林就像块巨大的吸收雨水的海绵，它的根把

森林

巴西亚马孙热带雨林

从天而降的雨水送到地下，使之变为地下水，一片森林就是一个蓄水库，所以森林有“看不见水的水库”之称。森林还可以防风固沙，是防止荒漠化的一个重要的手段。由于森林在保护环境和气候资源中起着举足轻重的作用，所以被称为“大自然的总调度室”。森林不但可以吸收大量二氧化碳，降低温室效应，还能制造氧气。通常一公顷阔叶林一天可以消耗1 000千克的二氧化碳，释放730千克的氧气。而且，森林能够吸收空气中的粉尘、细菌以及一些有害气体，它好比大自然的肺，净化着我们呼吸的空气。例如，一公顷柳杉林每月可以吸收二氧化硫60千克，一公顷的山毛榉树林，一年之内吸附的粉尘就有6 800千克之多。不少树种还能分泌植物杀菌素，不同程度地杀死空气中的细菌，如橙、柠檬、圆柏、黑核桃、法国梧桐等植物，都有较强的杀菌力。

在地球赤道的两侧，有几片终年湿润的土地，生长着高大茂密、终年常绿的森林，这就是热带雨林。占地球陆地面积不多的热带雨林，为世界上半数以上的动植物品种提供了生活居住的场所，它是地球上生物多样性最丰富的地区。热带植被还为人类提供了丰富的物产，比如：巧克力、坚果、水果、胶类、咖啡、木料、橡胶、天然杀虫药、纤维和燃料等。可以说，热带雨林就是一个“绿色宝库”。但由于人为的破坏，这个“绿色宝库”正在大片大片地消失，正濒临着灭绝的危险。

遭到破坏的森林

由于人类对木材的大量消费、无节制的乱砍滥伐等人为因素，全世界森林面积在1990～2000年的十年间每年平均减少940万公顷。专家指出，这一现象已经给人类赖以生存的自然环境造成了严重影响，应该立即采取有效措施予以控制。

遭到破坏的热带雨林

很多人喜欢用一次性筷子，认为它既方便又卫生，使用后也不用清洗，一扔了之。然而，正是这种吃一餐就扔掉的东西加速着森林的毁灭。日本作为一次性筷子的发明国和使用大国，却不砍自己国土上的树木来做一次性筷子，而全部依靠进口，这是日本人的聪明之处。我国森林覆盖率不及日本的一半，却是一次性筷子的生产和出口大国，每年用于一次性筷子的木材达130万立方米，向日本和韩国出口的一次性筷子达150亿双。所以，让我们尽量不使用一次性筷子吧，不要让森林变木屑。让我们每一个人都负起植树造林的任务吧，从一棵树、一片草地入手，从我做起，从现在做起！

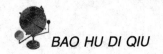

保护草原

“天苍苍，野茫茫，风吹草低见牛羊”，广袤无垠的大草原，造福了世世代代的人们。在这些土地上，生产了人类食物量的11.5%，以及大量的皮、毛等畜产品：还生长着许多药用植物、纤维植物和油料植物，栖息着大量的野生、珍贵、稀有的动物。

茫茫的大草原，是大自然赐给人类的宝地。它不但是发展畜牧业的最基本的生产资料和基地，而且还具有较强的固沙防风、涵养水源、保持水土、净化空气等生态功能。

草原

内蒙古草原

我国拥有草原近 4 亿公顷，占世界草原面积的 13%，占我国国土面积的 41%。在如此辽阔的草原上，繁衍着大量的野生动物。在这些野生动物中，有许多稀有的种类，以及濒危甚至濒临灭绝的种类，在哺乳类动物中有羚牛、野牦牛、藏羚羊、白唇鹿、西藏棕熊、金猫、雪豹、麝等。珍稀的鸟类有丹顶鹤、白枕鹤、灰鹤、黑颈鹤、白鹤、藏马鸡、金雕、草原雕、苍鹫、兀鹫、秃鹫、胡兀鹫、大天鹅等。还有一些野生种类已在我国消失，而只在濒危野生动物繁育中心有饲养，如高鼻羚羊、野马等。

然而在今天，我们美丽的家——草原已经不再美丽，而是面临着危机。我国草原面积比 20 世纪 50 年代初期已大大减少，而且质量下降：90% 的可利用天然草原不同程度地退化，其中沙化、退化和盐渍化草原面积已达 1.35 亿公顷。天然草原的产草量不断降低，而牛、羊等牲畜日益增加，草畜矛盾

被破坏的草原

十分突出。不仅如此，天然草原水土流失严重，每年使数十亿吨泥沙输入黄河、长江。随之而来的恶果就是江河湖泊断流干涸，水旱灾害频繁发生，沙尘暴愈演愈烈。因此，草原危机现已成为我国生态的第一号绿色警报。

那么是谁在破坏草原呢？长期以来，人们认为草原是取之不尽、用之不竭的自然资源，只求索取不思投入，只求多产而不管草原的承受能力。人们把天然草原当作适宜种庄稼的荒地不断开垦。自20世纪50年代以来，经过四次大开荒，已有1930多万公顷优良草原被开垦。草原牧区人口与畜牧增长过快，在草原上过度放牧，草原不堪重负。草原植被遭到人为破坏。人们在天然草原上滥挖药材、乱搂发菜、乱伐林木、挖金、开矿，这些人为活动严重破坏了草原植被。

面对草原危机，我们要重新认识草原的功能和作用，不要仅仅看到草原的经济效益，还要重视草原的生态功能，保护好我们的草原，保护好我们美丽的家！

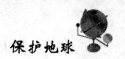

了解湿地

湿地就在我们身边，大到河流、湖泊、水库，小到池塘、水田、沼泽、滩涂等，都可以称为湿地。湿地是地球上价值最高的生态系统，是自然界最富有生物多样性的生态景观和人类最重要的生存环境之一，与森林、海洋并称为全球三大生态系统。它不仅为人类提供大量食物、原料和水资源，而且在维持生态平衡、保持生物多样性和珍稀物种资源以及涵养水源、蓄洪防旱、降解污染、调节气候、防止自然灾害等方面均起到重要作用。人们赞美湿地，将它比喻为“地球之肾”、“生命的摇篮”、“物种基因库”、“鸟类乐园”等。

湿地

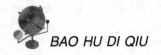

湿地具有很高的生态价值。湿地是濒危鸟类、迁徙候鸟以及其他野生动物的栖息繁殖地。在四十多种国家一级保护鸟类中，约有 1/2 生活在湿地中。亚洲有 57 种处于濒危状态的鸟，在中国湿地已发现有 31 种……

湿地是重要的遗传基因库，对维持野生物种种群的延续，筛选和改良粮食作物物种，具有重要意义。中国利用野生水稻杂交培养的水稻新品种，具备高产、优质、抗病等特性，在提高粮食生产方面产生了巨大效益。另外，湿地是人类发展工、农业生产用水和城市生活用水的主要来源。我国众多的沼泽、河流、湖泊和水库在输水、储水和供水方面发挥着巨大效益。

我国是世界上湿地类型齐全、分布广泛、生物多样性丰富的国家之一，共拥有湿地面积 6 590 多万公顷，约占世界湿地面积的 10%，居亚洲第一位、世界第四位。但是目前我国湿地消失和退化极其严重，近年来我国已有近

湿地

迁徙候鸟与湿地

1 000个天然湖泊消亡，三江平原78%的天然沼泽退化；“八百里”洞庭湖已经由1949年的4 350平方千米缩小至今日的2 000平方千米左右！青海湖区，人口比1949年增加了4倍，环湖区开垦面积达20万公顷左右，脊椎动物减少了34种。这一切真让人触目惊心！

湿地的保护已经受到国内外的广泛关注。为了保护湿地，十多个国家于1971年2月2日在伊朗的拉姆萨尔签署了《关于特别是作为水禽栖息地的国际重要湿地公约》。这个公约的主要作用是通过全球各国政府间的共同合作，以保护湿地及其生物多样性，特别是水禽和它们赖以生存的环境。我国于1992年申请加入了公约组织。1996年10月，湿地公约常委会第19次会议决定自1997年起，将每年的2月2日定为世界湿地日。

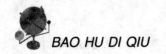

了解河流

河流，是地球表面较大天然水流的统称。地壳运动所产生的凹槽，在降水与地下水的供水情况下，就会形成大小不同的河流。我们常常赞美黄河是我们的母亲河，古今中外的文学家、诗人都用自己的笔对河流给予了极高的赞美。

河流在我国的称呼很多，较大的河流常称江、河、水，如长江、黄河、汉水等；小一点的叫溪、涧、沟等，如台湾省的浊水溪、福建省的沙溪等；西南地区的河流也有称为川的，如四川省的大金川、小金川；此外，藏布、郭勒等一些名称，是我国某些少数民族对河流的称谓。

河流对人类社会的发展具有重要的意义，无论是世界古代文明，还是当今地区经济的发展多与河流有密切关系。人类古代文明的发祥地往往依大河大川而兴起。距今四千多年以前，黄河流域即为中华民族文化的摇篮。埃及的尼罗河、巴比伦的两河流域（幼发拉底河和底格里斯河），印度的恒河、印度河，都是人类古代文明的发源地。

黄河壶口瀑布

河流与人类的生活息息相关，这是因为河流的分布广，水量大，循环周期最短，而且绝大多数暴露在地表，取用十分方便。可以想象，河流是人类依赖的最主要的淡水水源。另外，

自古以来河运就是一种重要的运输方式

河流在航运、灌溉、水产养殖和旅游等各个方面，也都对人类有重大作用。虽然洪水泛滥也给人类带来生命财产的损失和生态环境的破坏，但和它给人类带来的利益相比，还是微不足道的。

河流拥有重要的水资源和水能资源。河流的水力蕴藏量取决于径流量和落差两者的大小。中国不仅有丰富的河川径流，而且有世界上最高的山脉和高原，许多大河从这里发源后奔腾入海，落差又特别大。因此，中国水力蕴藏量特别丰富，约为6.8亿千瓦，居世界首位，相当于美国的5倍多，占全世界水力蕴藏总量的1/10左右。

河流是天然的航线，它的运量大、运行成本低，所需投资较少。一般来说，水运成本是铁路运输的1/2，是公路的1/3左右。因此，内河运输不仅是古代运输的主要手段，而且在交通工具现代化的今天，也占有重要的地位。中国河道纵横，水量丰富，具有发展内河航运的优良条件。

河流广阔的水域是天然的鱼仓。中国各地的河流中盛产各种名贵的淡水鱼，如黑龙江的大马哈鱼，黄河的鲤鱼，长江的鲥鱼、桂鱼、凤尾鱼等都驰名中外。从河流中捕捞的大量淡水鱼，不仅为改善人民生活创造了条件，还可以大量出口换取外汇，支援现代化建设。现在，人们利用河流水体进行多种经营，除放养鱼、蟹、蚌珍珠外，还可种植水生植物，为农副业生产及工业生产提供饲料和原料。

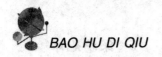

河流孕育了人类的文明，它是大地的动脉，在火车出现以前，船是人们主要的交通和运输工具。河流是大地的乳汁，它灌溉农田，滋润牧草，使人类得以生息繁衍。然而今天，河流污染、江河断流却成为眼睁睁的事实。试想，如果河流内没有鱼了，人们由于饮用受到污染的河水而得病，这样的世界还正常吗?

水力发电是一种清洁的发电方式

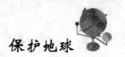

海洋是一个资源宝库

人类赖以生存和繁衍的地球，其实是名副其实的“水球”，因为海洋的总面积为3.6亿平方千米，占地球表面积的71%。美丽富饶的海洋，是一个巨大的资源宝库，它给人类提供食物的能力相当于世界所有耕地的1 000倍，每年提供的水产品至少可以养活300亿人，埋藏在海底的1350亿吨石油和140亿立方米天然气的勘探开发潜力，是人类未来发展的希望。保护海洋，就是保护人类自己！

海洋生态

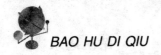

但是，随着人类海上作业和工程的增加，海洋污染在不断加剧，海洋生态正面临着不断恶化的危险。引起海洋污染的原因主要有：大量未经处理的工业废料、生活垃圾被排入大海，导致海洋污染物加剧；海上泄油事件频发，严重威胁着海洋鱼类等生物的生存；海洋防护工程破坏严重，海岸、防风林已失去挡浪、缓冲阻止海风的功能。而且，随着海洋捕捞、矿产开发、工程建设等活动的不断增加，人类对海洋生物的生活环境的干扰也不断增大。

红树林是热带、亚热带海岸特有的森林植被。它们的根系十分发达，盘根错节屹立于滩涂之中。涨潮时，它们被海水淹没，或者仅仅露出绿色的树冠，仿佛在海面上撑起一片绿伞。潮水退去，则成一片郁郁葱葱的森林。所以，也被称为“海底森林”。

·红树林

红树是热带海岸的重要标志之一，能防浪护岸，又为林内和附近的海洋生物提供了理想的发育、生长、栖息、避敌场所，它大量的凋落物又为海洋生物提供了丰富的食物来源。红树林是地球上唯一的海洋森林，是海堤的天然“保护神”，是沿海防护林体系的第一道屏障。同时红树本身具有重要经济价值和药用价值，其生态环境和水上风貌具有很高的观赏价值。

1994 年 11 月 16 日《联合国海洋法公约》生效；1994 年第 49 届联合国大会作出决定，正式确定 1998 年为国际海洋年。在这项决议中，联合国要求世界各国做出特别努力，通过各种形式的庆祝和宣传活动向政府和公众宣传海洋，提高人们的海洋意识，强调海洋在造就和维持地球生命中所起的重要作用，强调保护海洋资源与环境的重要性，保持海洋的持续发展和海洋可再生资源的可持续利用，加强海洋国际合作。

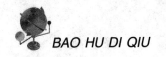

生物圈是地球生物的大家庭

生物圈是指地球上存在着生命活动的区域，它通常分为三层：上层是“大气圈”的一部分，中层是“水圈”，下层是“岩石圈”的一部分。这三层为地球上的所有生物提供了能够维持其生命活动的空气、水、岩石、土壤，构成了地球上生命活动的主要舞台。所以世界上有生命的东西几乎都包括在这个范围内。地球上的生物小到细菌、真菌，大到鲸鱼、大象，林林总总有数千万种，它们共同组成了生物圈这个大家庭。

在生物圈里，动物、植物和微生物等生物群落与阳光、土壤、水分、空气、温度等环境因素互相联系、互相依存、互相制约，共同构成了地球生态系统。

四川生物圈亚丁自然保护区

生物圈是地球上最大的生态系统。在这个生态系统中有生产者（如绿色植物和光合细菌）、消费者（如食草动物和食肉动物）、分解者（如微生物）和无生命物质（如空气、水、土壤、阳光），其中生产者（主要是绿色植物）通过光合作用把太阳能转变为化学能，这种化学能以食物的形式沿着生态系统的食物链依次传递给生产者和消费者，最后通过分解者再归还给自然界。

在一个湖泊里，小鱼吃浮游生物，大鱼吃小鱼，大鱼死后的尸体又被微生物分解成无机物，重新供浮游生物利用，这就是水生生态系统的一个实例。

珊瑚礁生态系统——最典型的海洋生态系统之一

在自然界里，任何一个生态系统都在不断进行着能量流动与物质循环。因为生物的新陈代谢、生长和繁殖都需要能量。所谓生态平衡，就是在一定时期内，生态系统的能量流动和物质循环保持平衡状态。当生态系统处于平衡状态时，是最有利于能量流动与物质循环的，因此，这个时候系统中的物种最多，生物总量也最大。

生态系统的平衡往往是大自然经过了很长时间才建立起来的。一旦受到破坏，有些平衡就无法重建了，带来的恶果可能是靠人的努力而无法弥补的。因此人类要尊重生态平衡，维护生态平衡，而绝不要轻易去破坏它。

湿地生态系统

关于生物圈的研究已广泛开展，最著名的是人与生物圈计划。这项计划始于 1971 年，是联合国教科文组织发起的一项国际科学研究计划。人与生物圈计划受到了世界各国的重视，已有一百多个国家参加，我国也于 1972 年参加了这一计划并当选为理事国。通过对生物圈的研究，我们不仅能更详细地了解地球上生物的生命活动过程，而且能让它们生活得更好；生物圈，这个世界上最大的一个生态系统，也将成为我们生物大家庭的乐园。

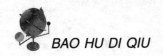

生物多样性

生物多样性，指的是地球上所包括的数以百万计的动物、植物、微生物和它们拥有的基因，以及它们与生存环境形成的复杂的生态系统。简单地说，生物多样性表现的是千千万万的生物种类。

但是，随着环境的污染与破坏，人类的滥捕乱杀、滥采乱伐等，目前世界上的生物物种正在以每小时一种的速度消失。这是地球资源的重大损失，因为物种一旦消失，就永远不可能再生。消失的物种不仅会使人类失去一种自然资源，还会通过食物链引起其他物种的消失。

金丝猴

大熊猫

食物链是指生物间（包括动物、植物和微生物）互相提供食物所形成的食物链条关系。例如：草原上的青草为野兔提供了食物，野兔又是狐狸的食物，狐狸又成为狼的美味，但是当狼死掉后的尸体又会被无机物分解成为青草的养料，这就是草原食物链。因此，如果食物链中的一个物种灭绝了，就有可能引起其他物种的灭绝，最终导致整个生态系统的崩溃。

食物链上的各种动植物的数量也要保持一定的平衡。例如在草原上，如果没有狼、狮子、猎豹和猎狗等食肉动物对食草动物的控制，食草动物就会迅速繁殖，使草原难以承受，当草原退化，食草动物也就失去了生存和发展的条件。

生物多样性对人类生存和发展的价值是巨大的。它提供给人类所有的食物，是全世界 60 亿人的食物保证；它提供给人类许多诸如木材、纤维、油

变叶木——西双版纳热带植物

料、橡胶等重要的工业产品，还有绝大部分的中医药材；许多野生动植物还可以为人类提供特殊的基因，如耐寒抗病基因，使培植动植物新品种成为可能。而且，丰富多彩的生物资源在自然界中维系着能量的流动，在净化环境、改良土壤、涵养水源及调节小气候等多方面发挥着重要的作用。千姿百态的生物种类还会给人以美的享受，是艺术创造和科学发明的源泉。

我国是世界上生物多样性最丰富的国家之一，仅次于巴西和印尼，位居世界第三位。

我国有高等植物 3 万多种，脊椎动物 6 347 种，分别约占世界总数的 10% 和 14%；陆生生态系统类型有 599 类。此外，我国珍稀物种丰富，有多种在世界上被视为稀有的珍贵物种，比如大熊猫、金丝猴、长臂猿、高鼻羚、亚洲象、扬子鳄等等。我国还有长满植物的“绿色宝库”——西双版纳，这里既有丰富的热带植物，又有大片的原始森林。

南极对于人类的价值

南极，地球上最寒冷、最多风的地方。这里 98% 的面积被广袤无垠的冰层覆盖着，目前测得冰层最厚的地方达到了 4 800 米。它拥有世界上 90% 的冰和 70% 的淡水。这里曾记录到世界最低气温为 -88.3℃。南极冰盖将 80% 的太阳辐射反射掉，致使南极热量入不敷出，成为永久性冰雪覆盖的大陆。

南极是地球上最遥远最孤独的大陆，广阔的南极冰盖犹如遮盖在南极大陆真实地貌上的神秘面纱，至今尚未被人类完全揭开。

南极企鹅

南极景色

南极大陆及其独特的地理位置为研究地球的许多学科提供了宝贵的“天然科学实验基地”。由于南极地区的太阳辐射能和地磁场与地球上其他地区迥然不同，因而，只有在南极地区上空才能形成一系列重要的地球物理现象，如极光、哨声、粒子沉降和地磁脉动等。因而，要研究上述特殊物理现象，非在南极地区不可。而且，南极地区是全球气候变化的关键区和敏感区，科学家们目前正力图从此发现全球气候变化前的征兆。

南极地区的矿产资源极为丰富。南极大陆的铁矿蕴藏量可供世界开发利用200年，有“南极铁山”之称。南极还有世界上最大的煤田，储藏量约达5 000亿吨。还有很多其他的矿产资源正在勘测过程中。

南极还蕴藏着丰富的生物资源，如我们熟悉的企鹅、海豹和鲸等。企鹅估计有1.2亿只，海豹1700万头，各种鲸类约100万头。这些生物都是以鳞虾为食的。磷虾是南极的特殊水产资源，其蕴藏量约为4亿~6亿吨，据估计，在不破坏南极生态平衡的前提下，每年可以捕获5 000万吨，这相当于现在全世界总渔获量的一半。

但是目前，南极却也面临着环境问题。20世纪80年代，全球掀起了南极考察的热潮，目前已有40多个国家进驻南极大陆。这些人每年都要产生不少废弃物，包括建筑垃圾、科研垃圾和生活垃圾。除此之外，还要排放大量的生活污水，严重污染了当地的环境。据估计，南极目前积累的垃圾多达30万吨，令人喜爱的企鹅天天和垃圾为伍。看来科学考察活动本身也应该注意环境保护。

企鹅是南极的土著居民，是南极的象征。在千里冰封的南极，企鹅已经快乐地生存了数百万年。然而，在人类出现后，企鹅面对的危险开始变得越来越大了。

人类踏上南极后，给南极土壤带来了新的微生物。1995 年，科学家发现某些企鹅染上了一些在南极从未发现过的疾病，这些疾病很可能也已危害到南极海豹。这显然与人类在南极地区的活动有密切联系。

南极的气温正在不断升高，现在的平均温度已经上升了 2.5℃。企鹅只好跑到海拔 45 米以上的地方去散热。科学家说，随着南极的不断升温和生态环境的改变，企鹅的生活将日益艰难。

南极企鹅

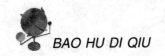

北极是人类资源的巨大宝库

人们通常所说的北极并不仅仅限于北极点，而是指北极圈以北的广大区域，也叫做北极地区。北极地区包括极区北冰洋、边缘陆地海岸带及岛屿、北极苔原和最外侧的泰加林带。如果以北极圈作为北极的边界，北极地区的总面积是 2 100 万平方千米，其中陆地部分占 800 万平方千米。

随着人类对北极的不断探索与科学技术的进步，几个世纪以来，北极的神秘面纱逐渐被人类文明揭开。现代科学研究已经表明，北极是人类资源的巨大宝库。北极也许永远不会成为一个巨大的工业中心，但它却可以成为重要的能源和原料基地。

南极大陆荒凉一片，但北极具有较丰富的动植物资源。有 900 种显花植物，上百万只北美驯鹿，数万头麝牛，上千只一群的北极兔，峰年时每公顷

嬉戏的小北极熊

优哉游哉的北极驯鹿

多达1 500只的旅鼠。北半球全部鸟类的1/6在北极繁育后代，而且至少有12种鸟类在北极越冬。在北冰洋广阔的水域中还有上百万只各种海豹，20万头海象，数千头角鲸和白鲸，2万只北极熊。北极地区生活着至少已有上万年历史的当地居民——因纽特、楚科奇人、雅库特人、鄂温克人和拉普人等。

北极地区拥有极其丰富的油气资源。从20世纪60年代末起，人们先后在阿拉斯加北坡、巴伦支海、挪威海、加拿大北极群岛等地发现了丰富的油气资源。保守的估计，北极潜在的可采石油储量在1千亿~2千亿桶，天然气在5万亿~8万亿立方米之间。而北冰洋是世界上最浅的海洋，一半面积属于大陆架，而且半数以上的陆架区水域深度不超过50米，一旦克服低温的因素，开采起来将会极其便利。

北极地区还蕴藏着大量的煤炭。阿拉斯加西北部煤田是储量丰富、并且尚未开发的地区之一。地质学家估计，世界煤炭资源总量的9%——4000亿吨就储藏于此。而西伯利亚的煤炭储量比中国的大同、美国的阿拉斯加更大。

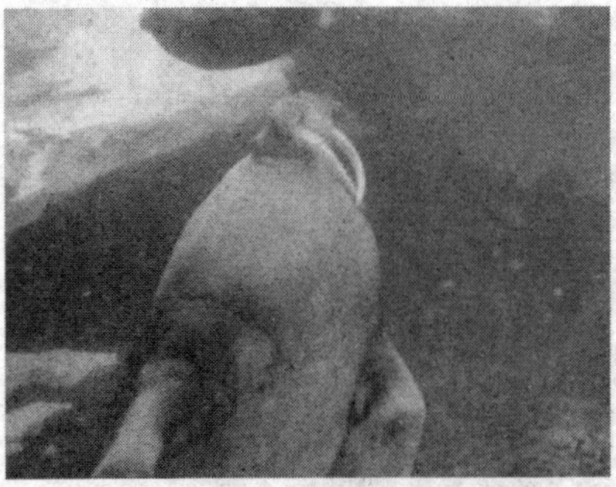

海象是真正的冬泳高手

从太空看北极

有人估计为7 000亿吨或者更多，甚至超过全球储煤量的一半。

除了石油、天然气和煤炭等化学能源以外，北极近年来已成为大规模的水电基地。俄罗斯在促进西伯利亚地区水电开发方面走在前列，西伯利亚水电站日前具有输出上千万千瓦电力的能力。加拿大的詹姆斯湾水电站完成后的总装机容量为1370万千瓦，与建成后三峡的发电能力大致相当。与化石能源相比，水电确实是一种无污染的洁净能源。如果水力发电占了主流，将能在极大程度上保护北极脆弱的生态环境。

北极能源以外的矿产资源也很丰富。例如科拉半岛具有世界级的大铁矿；诺里尔斯克有世界最大的铜—镍—钚复合矿基地；著名的科累马地区盛产金和金刚石；阿拉斯加蕴藏极其丰富的铅、锌和银。北极还储有铀和钚等放射性元素，这些都属于战略性矿产资源。

可怕的空气污染

清洁的空气是人类赖以生存的必要条件之一，一个人可以几天不吃饭、不喝水，仍能维持生命，但如果超过 5 分钟不呼吸空气，便会死亡。可是，曾几何时，原本清新透明的空气却有了颜色、有了味道，清洁的空气成了人们可望而不可即的奢侈品。

在日本街头就出现了一种“自动售氧机”，人们向机器里投硬币来呼吸新鲜空气。在我国一些大城市出现的“氧吧”也是向人们提供干净的氧气。虽

被污染的城市空气

然生活在城市里的孩子有变形金刚，有良好的学习条件，但他们却未必有生活在农村的孩子幸福，因为农村的孩子有新鲜的空气，有走进大自然的机会。

在一般情况下，空气即使受到一些污染，由于大自然具有巨大的自净作用，仍能使空气保持清洁新鲜的状态。但是，当空气中某些有毒有害物质的含量超过正常值或超过空气的自净能力时，空气中污染物的浓度达到了造成灾害的程度，就会对人体健康和动植物的生长发育，或对气候产生不良影响，这就发生了空气污染。造成空气污染的物质，主要有颗粒物、硫氧化物、氮氧化物、一氧化碳和碳氢化合物等。

空气污染的危害是多方面的，它既危害人体健康，又影响动植物的生长，严重时还会引起地球的气候异常。人类吸入污染的空气，或者皮肤表面接触污染空气，可引起上呼吸道炎症、慢性支气管炎、支气管哮喘及肺气肿等疾病。而且，空气污染还会降低人体的免疫功能，使人的抵抗力下降，诱发或加重多种其他疾病的发生。

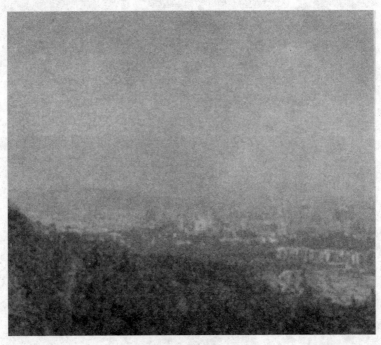

空气与人们生活密切相关

污染的城市上空

空气污染物可使植物抗病力下降，影响生长发育，叶面产生伤斑或枯萎死亡。一般植物对空气污染物中的二氧化硫的抵抗力都比较弱，少量的二氧化硫气体就能影响植物的生长机能，造成落叶或死亡现象。同样，动物因吸入污染空气或吃含污染物的食物也会发病或死亡。

另外，空气污染物中的二氧化碳等温室气体的增多，会导致温室效应，使全球气候变暖，导致全球灾害天气增多。

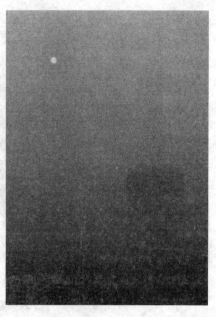

科学家研究证明，空气污染对儿童的身心健康危害最大。空气污染严重的地区，儿童不仅身体发育缓慢，而且智力下降、反应迟钝，患病率比正常地区的儿童要高2～6倍。这是因为大部分的空气污染物都沉积在靠近地面的空

空气污染给人类带来致命的危害

人类需要清洁的空气

气中，儿童个子矮，比大人更容易吸入这些被污染了的空气。而墨西哥政府为保护墨西哥城240万学龄儿童的身体健康，规定各所学校均不得早于上午10点上课。

空气污染指数简称API，它是用来评估空气污染程度和空气质量状况的一种指标，人们据此为空气质量分级。目前，世界上许多发达国家或地区都采用这种方式来评价空气质量。

在我国，空气质量按照API的值划分为五级：一级优、二级良、三级轻度污染、四级中度污染、五级重度污染。人们可以根据发布的城市空气质量的级别，判断出空气污染对人体健康的影响，以及是否适宜进行户外活动。

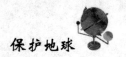

不美丽的雾

城市中工厂和汽车的数量越来越多，由工厂和汽车等排放的有害气体在空气中也大量增加，其中有害气体在一定的气候条件下就形成烟雾，这种看似“美丽迷离”的雾对环境和人类是极其有害的。

1943 年，美国洛杉矶市发生了世界上最早的光化学烟雾事件。人们因此眼睛发红，咽喉疼痛，呼吸憋闷、头昏、头痛。1970 年，日本东京发生了较严重的光化学烟雾事件，一些学生中毒昏倒，交通警察上岗时也不得不戴上防毒面具。1974 年，中国部分地区也出现过光化学烟雾。光化学烟雾已经开始向人类宣战了！

工厂排放的废气污染

汽车尾气成为城市大气污染的主要来源

空气污染

光化学烟雾是一种带刺激性的淡蓝色烟雾，它是由大气污染物碳氢化合物和氮氧化合物等在太阳光的照射下，发生光化学反应生成的。造成光化学烟雾的主要原因是大量汽车尾气和工厂废气的排放。光化学烟雾使得大气能见度降低，一年中的夏季和一天中的下午2时前后容易发生光化学烟雾。这种光化学烟雾可随气流飘移数百千米，使远离城市的农村庄稼也受到损害。

光化学烟雾对人体及农作物有很大危害。光化学烟雾对人体最突出的危害是刺激眼睛和呼吸道黏膜，引起眼睛红肿和喉炎。光化学烟雾也会使人感觉头痛、呼吸困难，还会导致儿童肺功能异常等。

植物受到光化学烟雾的损害以后，开始表皮褪色，呈蜡质状，经过一段时间后，色素发生变化，叶片上出现红褐色斑点。这不但影响植物的生长发育，还大大降低了植物对病虫害的抵抗力。

有关的科学监测表明，北京大气中的碳氢化合物有60%左右是汽车排放的，氮氧化合物有70%是汽车排放的。在北京、天津、上海、广州、长沙、武汉等一些城市的主要交通干道和主要交通路口，汽车尾气排放的一氧化碳、碳氢化合物和氮氧化合物都超标，在这些路口的交通警察经常有头晕、嗓子发干、咳嗽、胸闷的症状。

我国汽车的尾气有害气体指标大大高于发达国家的指标。以轿车为例，我国轿车的一氧化碳的排放量要比日本高出8～20倍，碳氢化合物高12～35倍，氮氧化合物高1～5倍，加上我国城市人流大，道路交通设施不完善，这就进一步加剧了污染程度。

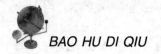

水污染

人类休养生息的地球是一个 71% 的面积由水覆盖的蓝色星球，但其中 97% 为苦涩的海水，可供人类开发利用和饮用的淡水只占了 3% 左右，在这 3% 左右的淡水中，约有 2.66% 是人类难以开发利用的两极雪山冰川和永冻地带的冰雪，人类真正可以利用的淡水资源只相当于淡水资源储量的 0.34%。有人比喻说，在地球这个大水缸里，可以利用的淡水只有一汤匙。可见，淡水资源是十分有限和珍贵的。

水是生命之源，没有水就没有生命。成年人体内含水量占体重的 65%，人体血液中 80% 是水。如果人体内水分减少 10% 便会引起疾病，减少 20% ~

淡水资源

缺水地区

22%就要死亡。人类生活、工业生产、农业灌溉，都离不开水。但随着工业发展和人口增加，水的污染却越来越严重，并且已经引起全世界的广泛关注。

那么，什么是水污染泥？1984 年颁布的《中华人民共和国水污染防治法》中为“水污染”下了明确的定义，即水体因某种物质的介入，而导致其化学、物理、生物或者放射性等方面特征的改变，从而影响水的有效利用，危害人体健康或者破坏生态环境，造成水质恶化的现象称为水污染。

水污染给我们的生活带来了严重的危害。未经处理的城市生活污水、工业废水、农田污水等被排放到洁净的水中，会消耗水中溶解的氧气，导致水中缺氧，危及鱼类的生存，致使需要氧气的微生物死亡，严重的还会使水质发黑、变臭，毒素积累，伤害人畜。另外，有些化工厂、药厂排放的废水和农田污水中还含有大量有毒的有机化学药品，它们进入江河湖泊会毒害或毒死水中生物，引起生态破坏。这个时候，连人类也会随之遭殃。

目前，全世界每年约有 4200 多亿立方米的污水排入江河湖海，污染了 5. 5 万亿立方米的淡水，这相当于全球径流总量的 14%以上。中国水污染也十分严重。中国每年约有360亿吨的生活和工业废水被倒入江河湖海，其中95%没有经过任何处理。中国90%以上城市水域污染严重，全国近3亿城市居民面临水污染这一世界性的问题。

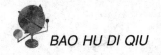

水是哺育人类的生命乳汁。水是有限的，水是宝贵的，水是不可再生的。我们每一个人都要自觉地树立节水意识，拧紧水龙头，节约每一滴水，减少和杜绝人为的水污染。现在，科学合理地利用水资源、节约用水在世界各国已形成共识。1993年1月18日，第四十七届联合国大会作出决议，确定每年的3月22日为“世界水日”。总之，节约用水，防治污水，保障水资源的可持续利用，是人类共同的事业，更是每个人的责任！

水污染

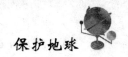

噪声污染

声音是地球上不可缺少的一种重要的环境因素。欢快的鸟鸣、叮咚的流水、风吹树叶的沙沙声，给美丽神秘的大自然又增加了一层生动和和谐。然而，在现代化的都市，人们已经无法听到那自然、和谐的悦耳之音了，取而代之的是机器的轰鸣声、汽车的马达声、鸣笛声和商店里震耳欲聋的音乐声。这些杂乱无章、对人的听觉神经以强烈刺激的声音，就是我们平常所说的噪声。

凡是干扰人们正常休息、学习和工作的声音都可以称为噪声。噪声污染不同于大气污染、水污染，它不会产生污染物、只是零散地从各种地方发出来。因而很难集中治理。交通工具、各种机械设施、建筑施工、人群集会、高音喇叭等都会产生噪声。

建筑施工会产生噪声

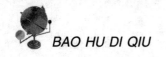

目前，联合国已把噪声污染确认为世界上继水污染、大气污染、电磁污染之后的第四大污染。中国也是噪声污染比较严重的国家，全国有近 2/3 的城市居民在噪声超标的环境中生活和工作着，对噪声污染的投诉占环境污染投诉的近 40%。

噪声被称为“无形的暴力”，是大城市的一大隐患。有人曾做过实验，把一只豚鼠放在 173 分贝的强声环境中，几分钟后就死了。解剖后的豚鼠肺和内脏都有出血现象。

噪声会损伤人的听力，有检测表明：当人连续听摩托车声 8 小时，听力就会受损；当人在 100 分贝左右噪声环境中工作时，会感到刺耳、难受，甚至引起暂时性耳聋；超过 140 分贝的噪声会引起人的眼球振动、视觉模糊，呼吸、脉搏、血压发生波动，甚至会使全身血管收缩，供血减少，说话能力受到影响。

噪声污染是一种公害，但也有有用的一面。例如，人们发现西红柿受过噪声刺激后，它的根、茎、叶表皮的小孔都扩张了，从而很容易把喷洒的营

城市建设可能产生噪音

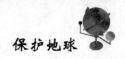

养物和肥料吸收到体内，这样结的果实不仅数量多，而且个头也大。同样对水稻、大豆做了试验，也获得了成功。

美国、日本、英国等国的研究人员，还针对不同的杂草制造了不同的“噪声除草器”，它们发出各种噪声可以诱发杂草速生。这样，在农作物还没有成长前，可以先把杂草除掉。

城市交通也会产生噪音

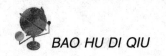

热污染

热污染，是现代工农业生产和人类生活中排放出的废热所造成的环境污染。如火力发电厂、核电站、钢铁厂的循环冷却水排出的热水，以及石油、化工、铸造、造纸等工业排出的废水中都含有大批废热。

热污染可以污染大气和水体。人们排入大气的废热增多，会导致全球气候变暖、海水热膨胀和极地冰川融化，使海平面上升，一些原本十分炎热的城市，变得更热；严重的是它还造成了城市“热岛效应”。而这些废热排入湖泊河流后，也会造成水温升高，使水生生物的生长发育受到影响，也会使氰化物、重金属离子等毒性增强。导致水中溶解氧气锐减，使鱼类等水生动植物因缺氧而死亡。因此水污染防治法规定，向水体排放热废水，应当采取措施，保证水体的水温符合水环境质量标准，防止热污染危害。

人体在一定范围内对高温可以忍耐，并用排汗的方式顺利的将热量散发掉。但如果温度过高，就会降低人体的正常免疫功能。此外，热污染使温度升高，为蚊子、苍蝇、蟑螂、跳蚤和其他传病昆虫以及病原体、微生物等，提供了最佳的滋生繁衍条件，导致了疟疾、登革热、血吸虫病、流行性脑膜炎等疾病的流行。特别是以蚊子为媒介的传染病，目前已呈急剧增长趋势。这是热污染对人体健康的间接影响。

火力发电厂排放废热到大气中

气候变暖导致冰川融化

住在城市中的居民都会感到，夏季越来越热。主要原因就是城市“热岛效应”。城市工业集中，人口密集，工厂、汽车、空调及家庭炉灶和饭店等大量消耗能源，释放出大量废热进入大气，导致城市气温升高。而城市所发出的巨大热量，使得城市成为在气温较冷的郊区农村包围中的温暖岛屿，因此得名城市“热岛效应”。

城市“热岛效应”对人体健康构成了极大危害。人类有许多疾病就是在“热岛效应”作用下引发的，如消化系统疾病、神经系统疾病、呼吸道疾病等等。

我们应该如何防治热污染和“热岛效应”呢？其实，造成热污染根本原因是能源未能被最有效、最合理地利用，因此，提高工业热源和能源的利用率，减少热量散失和释放，是一项很重要的措施。另外，应该加强城市绿化，大力植树种草，通过植物吸收热量来改善城市小气候。

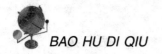

光污染

在大城市，许多建筑物外部都装饰了亮闪闪的玻璃幕墙，白天在太阳光的照射下，它发出耀眼的强光，使许多路人不能正视。实际上，它也造成了污染——光污染。

城市的夜晚灯火辉煌，这种令人眩晕的美景却使得世界1/5的人在夜晚看不到星星在天空眨眼。城市上空不见了星星，刺眼的灯光让人紧张，人工白昼使人难以入睡。这也是光污染的表现之一。中国有句古诗说“古人不见今时月，今月曾经照古人”，如果听任光污染发展下去，难保有一天会“今人不见古时月”了。

光污染主要来源于人类生存环境中日光、灯光以及各种反射、折射光源造成的各种逾量和不协调的光辐射，一般分成3类，即白亮污染、人工白昼

夜景照明

和彩光污染。白亮污染，是由阳光照射强烈时，城市里建筑物的玻璃幕墙、釉面砖墙、磨光大理石和各种涂料等装饰物反射光线造成的光污染。人工白昼是由夜晚时商场、酒店上的广告灯、霓虹灯等造成的光污染。彩光污染是由舞厅、夜总会安装的黑光灯、旋转灯、荧光灯以及闪烁的彩色光源构成的。

城市的霓虹灯

容易被忽视的是书本等白纸，这些纸张越来越白，越来越光滑，因此对人的眼睛的刺激也越来越强大，由于眼睛的视觉功能受到很大的抑制，眼睛很快疲劳，这也是造成近视的主要原因。

美丽的夜空

人体在光污染中首当其冲受害的是直接接触光源的眼睛和皮肤，光污染会导致视疲劳和视力急剧下降，加速白内障形成；强烈的光污染还会诱发皮肤癌。有关专家指出，光污染将成为21世纪直接影响人类身体健康的又一环境“杀手”。

现在，欧洲和美国等一些国家，部分图书采用了黄底色纸张印刷，确实比白色要舒服一些。在欧洲，特别是德国，室内墙壁粉刷时，人们逐渐喜欢用一些浅色，主要是米黄、浅蓝等，代替刺眼的白色。所以说，我们个人也要提高自我保护意识，注意预防可能产生的光污染。

照明与每个人的生活质量都息息相关。电气照明在方便、美化人们生活的同时，也给环境造成很大的污染。近年来由于夜景照明的兴起和失控造成的光污染问题不少。“绿色照明”是20世纪90年代初出现的一种照明新观念，是国际上采用保护环境、节约能源和促进健康的照明系统的形象说法。绿色照明包括两个方面：首先发光体发射出来的光对人的视觉是无害的；其次，要有先进的照明技术，确保最终的照明对人眼无害。两者同时兼备，才是真正的绿色照明。

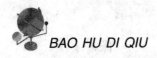

电气照明

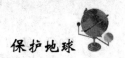

白色污染

曾几何时，一次性塑料制品被人类誉为划时代的工业进步，给人类的生活带来了极大的方便。然而好景不长！随着这种白色塑料制品的普及和推广，令人头痛的环境污染问题也随之而至。大量的废旧农用薄膜、包装用塑料膜、塑料袋和一次性餐具在使用后被人们随意抛弃在环境中，它们或飘挂在树上，或散落在路边、草坪、街头、水面、农田及住地周围等处，给自然景观和生态环境带来很大破坏。由于废旧塑料包装物大多呈白色，因此造成的环境污染也被形象地称为“白色污染”。

白色污染是我国城市特有的环境污染。随着免费的一次性塑料购物袋和一次性塑料餐盒的使用量激增。消费者抱着“不用白不用”的观念大量使用和抛弃，仅北京市8个城近郊区塑料袋年用量约23亿个，人均每日一个。这些东西量大、质轻、散布面广、很少回收，这是造成“白色污染”的主要原因。

旅游地的白色垃圾

一次性的塑料制品由于其制作原料具有极强的稳定性，在自然环境状态很难被降解，因此它可以存在几百年。这样大量、长久地日积月累，会给自然生态环境造成破坏，例如混在土壤中，会影响农作物的生长，导致农作物的减产；被家禽、家畜、野生动物（甚至濒危野生动物）误食，还会导致其死亡等。而且，在处理一次

海边的白色垃圾

性塑料制品过程中，如采用填埋方法，会不断占用宝贵的土地资源；如采用焚烧方法，会产生大量的有毒有害气体。

如何防治白色污染呢？标本兼治是解决问题的最好办法。我们一方面应及时有效地处理既生垃圾，一方面用能降解、易降解的制品来代替塑料。1998 年 11 月，一种以秸秆做成的一次性餐具首次摆上了北京某购物中心的快餐桌。这种餐具不但安全卫生，而且一次性使用后入土即为肥料，入水可成为鱼饲料，弃置路边，几天后就随风而去了。

遗憾的是，在我国大部分城市，白色塑料仍然大行其道。

告别白色污染，需要我们的共同努力！

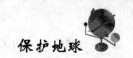

城市垃圾

在我们生活的城市周围，垃圾随处可见。科学上对垃圾有一个非常明确的定义：垃圾就是在生产建设、日常生活和其他活动中产生的污染环境的固态、半固态废弃物质。目前在我国，垃圾污染变得十分严重，有三分之二的城市被垃圾包围。这些城市垃圾绝大部分未经处理，堆积在城郊，不仅占用了大量土地，还造成严重的二次污染。垃圾困扰城市不仅是我国面临的难题，也是世界许多国家共同面临的难题。

所以人们总是想办法来处理垃圾，垃圾发电就是最主要的一种方式。垃圾发电是指利用特殊的垃圾焚烧设备，以城市工业和生活垃圾作为燃烧介质，然后将其散发的能量进行发电的一种新型发电方式。

城市垃圾

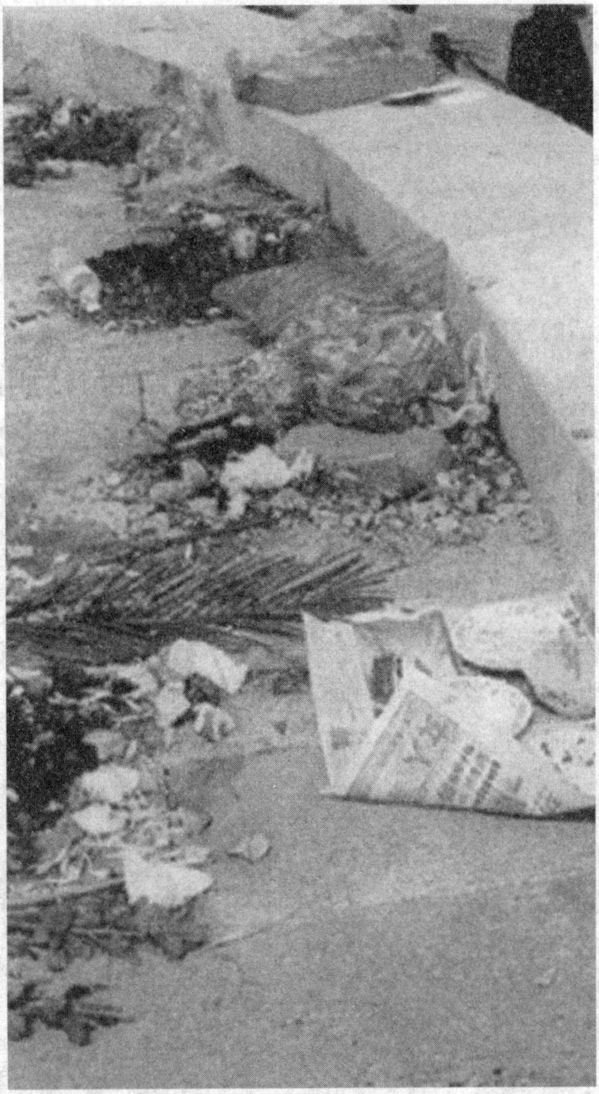

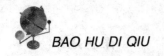

城市生活垃圾污染

垃圾发电设备可以先将垃圾加以筛选、粉碎、干燥，最后压缩成粒状物进行燃烧。这种取自于垃圾的固体燃料每千克热量为16.8千焦到21千焦，与煤炭相似。可见，垃圾也能由废物变成一种新能源。但并不是所有的垃圾都能变废为宝，像有些特种垃圾，就不能够将其再利用，否则将会继续对生态环境和人体健康造成严重的危害。

垃圾污染

垃圾中也有一些是特殊的，我们日常所见到的特种垃圾主要有放射性垃圾、有毒性垃圾、传染性垃圾、爆炸性垃圾、能够引起火灾的垃圾、具有强烈腐蚀性的垃圾等等。这些垃圾有一个共同的特点就是：都是由危险废弃物构成的，这些垃圾虽然只占全球垃圾总量的9.3%左右，其危害性却是其他垃圾所无法相比的。

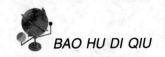

比如，放射性垃圾所产生的电离辐射能引起头痛、头晕、食欲下降，睡眠障碍等神经系统和消化系统疾病；传染性垃圾携带有细菌、病毒、寄生虫、病原体等，人或生物一旦接触即可传染致病；爆炸性垃圾、引火性垃圾、腐蚀性垃圾的破坏性也很大，有的可致人残疾，有的能发生爆炸引起特大火灾，对环境和人类危害严重。

1995 年在我国海口、江西、宁波、福建、南京相继发现“洋垃圾”。1996 年天津、镇江、青岛、上海等海关又连续查获大批“洋垃圾”。“洋垃圾”是一些发达国家为了避免本国污染和逃避高额处理费用，而向贫穷国家转移的有毒有害的垃圾污染物。“洋垃圾”大多污浊不堪、臭不可闻，含有多种有毒有害物质，甚至带有多种病毒和霉菌。因此，我们要坚决抵制洋垃圾，坚决拒“洋垃圾”于国门之外。

电子垃圾也是一种有害的洋垃圾

电磁辐射污染

近几年来，各种家用电器、家用电脑、家庭影院等现代高科技产品都已进入千家万户，给人们生活带来诸多方便和乐趣。然而，电视机、电脑、电冰箱、空调机、移动电话等，在正常工作时都会向外辐射出大量的不同波长和频率的电磁波，形成电磁辐射。它们无色、无味、无形，又无处不在，它可以穿透包括人体在内的多种物质，人体如果长期暴露在超量的电磁辐射下，人体细胞就会被大面积杀伤或杀死，造成电磁辐射污染。据专家介绍，电磁辐射污染对孕妇和儿童的威胁最严重。

电磁辐射污染会使淋巴细胞的复制受到影响，导致白细胞和红细胞减少，大大降低人体的免疫功能，使人常患感冒、头昏、头胀痛、失眠、神经衰弱

电脑会产生电磁辐射

微波站

等。它还可损害人体内分泌及代谢功能，会导致癌变、胎儿畸形等。电磁辐射强度越大，癌症的发病率越高。

另外，高强度电磁辐射可以使人的眼睛晶状体蛋白质凝固，更严重的可形成白内障，还可伤害角膜、虹膜，导致视力减退，甚至完全丧失。因此，有人将电磁辐射产生的污染形象地比喻为“隐形杀手”。

微波是电磁波的一种，波长很短，频率很高，对人体的伤害也最大。微波应用的范围非常广，最常见的就是人们常用的微波炉。

微波的危害主要是由于它对生物机体细胞产生“加热”作用。由于它是穿透生物表层直接对内部组织“加热”，而生物体内部组织散热又困难，所以往往肌体表面看不出什么，而内部组织已严重“烧伤”。这就好像微波炉加热生鸡蛋，鸡蛋皮一点也不烫手，但鸡蛋黄已经“沸腾”了。

随着手机的普及，手机的电磁辐射对人们的影响不容忽视，虽然手机电磁辐射较弱，但由于手机的电磁辐射距离人体，特别是人的大脑非常近，电磁辐射有一半被使用者的头部吸收了。超量的电磁辐射，会造成人体神经衰弱、食欲下降、心悸、胸闷、头晕目眩，甚至诱发脑部肿瘤。最新的报道称，手机常挂在腰间，对人的肝、肾、脾等器官也会造成一定程度的危害。

防电磁辐射污染最简单易行的措施就是远离电磁辐射发射源。家用电器不宜集中放置，观看电视的距离应保持在4~5米，并注意开窗通风。青少年应尽量少玩电子游戏机，经常参加室外活动。如果是在计算机机房等电磁场强度较高的场所工作的人员，应特别注意工作期间休息，平时应多吃新鲜蔬菜与水果，以增强抵抗能力。使用手机时最好使用专用保护型耳机，尽可能地使天线远离人体，特别是头部。

电子垃圾污染

电子产品越来越快的换代周期和淘汰率，大量被废弃的电子设备成为一种新污染。有专家认为，“电子垃圾”已经成为未来环境保护的新隐患。

电子垃圾包括各种废旧电脑、通信设备、电视机、电冰箱，以及被淘汰的精密电子仪器、仪表等。在21世纪，电子垃圾将是全世界增长速度最快的垃圾。而且，这些垃圾的成分很复杂，其中包括很多毒性极大的材料，比如镉、汞和大量的铅。目前在垃圾场发现的40%以上的铅都是来自人们日常生活中最熟悉的家用电器。

外表靓丽、功能强大的电脑和其他电器，从环保角度看来实际上是一堆剧毒品的结合。专家指出，制造一台个人电脑需要700多种化学原料，而这

电子垃圾

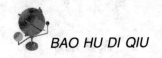

些原料一半以上对人体有害。此外，电视机、电冰箱、手机等电子产品也都含有铅、铬、汞等重金属有害物质。

人们对电子垃圾的传统处理方法是掩埋和焚烧。大量的计算机、移动电话、电视机、电冰箱等电子垃圾被掩埋在土壤中不做任何处理，它们渗透出来的有害物质会对土壤造成严重的污染；而对这些垃圾进行焚烧，则会释放大量的有害气体，对空气造成污染，最终形成酸雨。

由于电子垃圾含有不少有毒物质，不可以草率埋掉或者烧掉，所以电子垃圾的处理和回收需要较高的成本。在经济利益的驱使下，美国把备感头痛的电子垃圾大量运往世界各地的发展中国家，给这些国家带来了严重的环境污染。

1989 年，115 个国家的代表就已经签署了《巴塞尔公约》，规定禁止出口有毒垃圾，美国是唯一拒绝在该公约上签字的发达国家。而美国又恰恰是产生“电子垃圾”最多的国家。这使得一些国家不得不发出这样的抗议：“请不要将你们的垃圾倾销到我们的国家!”

焚烧电子垃圾后的污染

专家指出，电子垃圾中有许多材料是可以资源化利用的，各种塑料可以直接回收，一些金属、贵重金属和稀有金属可以提纯，一些非金属材料也可再生利用。从资源再利用的角度说，电子垃圾的回收具有明显的社会效益和经济效益。

国外的一些电脑制造商们已经开始做回收工作。如惠普公司已开始了电脑回收再利用的业务；IBM 宣布制造中央处理器的塑料将可以百分之百地被回收；数字计算机公司研制出一种将彩色显示屏中的铅分离出来的工艺，可使每年处理此类垃圾的费用节省 100 万美元。

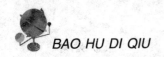

可怕的“世纪之毒”

我们常常从各种媒体的报道中听说西欧等国相继发生因二恶英污染的事件。这个让全世界为之恐慌的二恶英是什么呢？其实，二恶英并不仅仅是一种物质，它包括210种化合物，毒性是氰化物的130倍，砒霜的900倍，是目前世界上已知的有毒化合物中毒性最强的。最可恶的是，二恶英无色无味，看不到也摸不着，它呈气态，不易溶于水，但有很强的脂溶性，所以它极易溶于和积累于人和动物体内的脂肪组织中，具有极大的危害。而且，即使到医院进行检查也不是马上能查出来的。因此，它还具有极强的隐蔽性呢！

二恶英有极强的致癌性，还可引起严重的皮肤病和伤及胎儿。二恶英微量摄入人体不会立即引起病变，但由于其稳定性极强，一旦摄入就不易排出，

二恶英的实验室

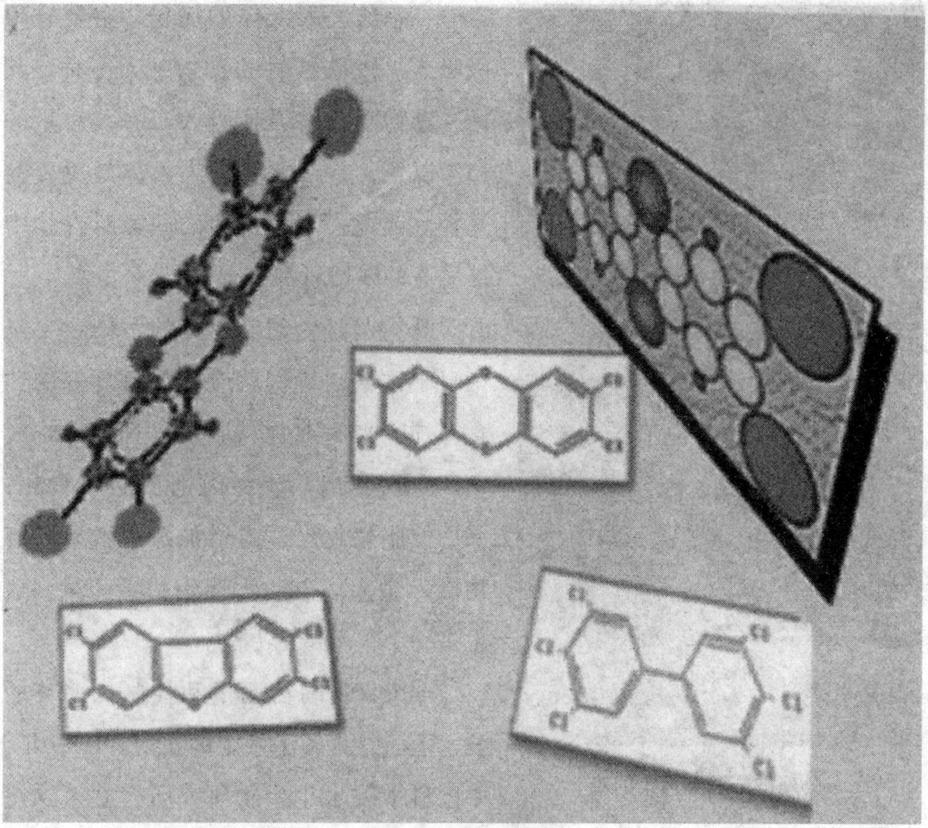

二恶英的分子结构

如长期食用含二恶英的食品，这种有毒成分会蓄积下来逐渐增多，最终造成对人体的危害。长期生活在二恶英含量严重超标环境下的人，不但容易患各类癌症，而且容易发生心血管病、免疫功能受损、内分泌失调等。

二恶英并非天然存在的，在自然状态下，只有原始森林着火才可能会产生微量的二恶英。因此，可以说二恶英完全是由工业活动人为造成的。当然，从来没有人刻意去生产它，它是在化工产品生产过程中生成的副产物。例如，化工生产、纸浆漂白、金属冶炼及垃圾焚烧过程中均有二恶英生成。这些被释放出来的二恶英，悬浮于空气中，下雨时二恶英则随着雨水落在江河或土地上，植物或动物吸收了便被污染，而人吃了这些动植物便被间接污染。

处理被二恶英污染的鸡

二恶英进入人体的途径，主要有呼吸吸入、皮肤接触和食物吃入三种。其中，食物吃入占人体吸入二恶英总量的35%以上，是二恶英进入人体最主要的途径。因此，工业发达的国家对食物中二恶英的残留量都极重视。

既然人体受到二恶英的污染主要是来自于饮食，我们就应当保持良好的饮食习惯。平时要保持膳食平衡，多吃瘦肉，少吃肥肉，或将肉削去脂肪食用，采用低脂奶粉，适当增加蔬菜水果和谷物摄入量，减少动物性脂肪摄入量。这也是一个很不错的办法。

今天，我国在测量和控制二恶英的技术上已经具备了一定的实力。1996年，中国科学院水生生物研究所建立了二恶英类化合物专用实验室，完全按照国际通行标准对二恶英进行快速、灵敏、准确的检定。目前，该实验室已具备为各种工农业产品及原料、食品、农畜产品和饲料等提供有关二恶英的检测与技术咨询的能力。

“空中死神”酸雨

简单地说，酸雨就是酸性的雨。我们知道，溶液中的酸度通常用pH值表示，pH值越低，则酸性越强。目前，人们把pH值小于5.6的雨、雪和其他形式的降水称作酸雨。其实，早在1872年英国化学家R. A. 史密斯就提出了酸雨这个术语，但直到20世纪60年代瑞典和挪威等国最先出现强酸雨而对森林等造成破坏时，才引起了人们对酸雨的广泛注意。

那么，雨水为什么会变酸呢？原来，城市和工矿区燃烧的各种矿物燃料，如煤、石油等，会向大气中排放出大量的二氧化硫和氮氧化物，当这些气体在空气中达到一定浓度后，它们就会发生一定的化学变化而转变成硫酸、硝酸等。在特定的条件下，它们随同雨水降落下来就成为酸雨了。

而酸雨发展到某种极端情况就是黑雨。1994年重庆及其郊区下了数场黑雨，色如墨汁，且有强酸性。经化学分析，雨中的黑色物是煤屑。原来是煤矿石燃料未能燃烧充分，析出了一些细小的碳粒，也通过烟囱排向高空，在空气中，又与硫酸、硝酸和水蒸气凝结在一起，最后随着降雨降落下来。无独有偶，1991年我国喜马拉雅山区，也下了数场“黑雪”。看来，人迹罕至的世界屋脊也未能逃出“空中死神”的魔掌。酸雨被称为“空中死神”，从这个绰号我们就可以想象它的危害有多大了。

碑面受到酸雨的腐蚀

工厂排放废气是形成酸雨的重要原因

酸雨落入江河湖泊中，会使鱼虾等生物大量死亡。在欧洲就有数千个美丽的湖泊因酸雨而变得毫无生气，听不到蛙鸣，见不到鱼跃。

酸雨会使土壤酸化，无法耕种。花草树木淋了酸雨，也会降低对病害的抵抗力，结的果实也会变得没有味道。儿童如果淋酸雨淋多了，会影响头发的生长，也有可能会秃头喔！

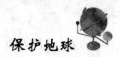

酸雨具有很强的腐蚀性。酸雨落在建筑物上，会把它们腐蚀得锈迹斑斑。酸雨还是摧残文物古迹的元凶，北京大钟寺的钟刻、故宫汉白玉栏杆和石刻，以及卢沟桥的石狮等，都不同程度存在着腐蚀剥落现象。著名的美国纽约港自由女神像，也被迫穿上“外衣”。

酸雨还会影响人体健康。人体的眼角膜和呼吸道黏膜对酸类十分敏感，酸雨或酸雾对这些器官有明显的刺激作用，它会导致红眼病和支气管炎，甚至会诱发肺病。

酸雨对森林的危害

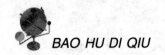

赤　潮

每当提到海洋总让人联想起蓝蓝的海水、美丽的鱼群和各种各样美味的海鲜。海洋中数量巨大的鱼、虾、贝等海洋动物们又吃什么呢？原来，海洋中种类繁多、数量巨大的浮游藻类是它们最基本的食物之一。

浮游藻类是一种比较低级的自养生物，它们是海洋中的初级“生产者”。它们以阳光为能源，有机物质氮、磷等为营养物质，利用二氧化碳合成生命物质。它们构成了海洋食物链系统的基础。但是，如果海洋中这些浮游藻类大量繁殖或高度聚集，海水就会变成红色，这就是赤潮。

赤潮

南海赤潮

赤潮的发生，通常认为是氮、磷、钾等有机污染物质大量排入海洋、江河，造成水域富营养化，为浮游生物大量繁殖提供了丰富营养物质，再加上适宜的光照、水温、风浪等条件，浮游藻类就会在短时间内迅速繁殖，这是形成赤潮的基本原因。大量工农业废水和生活污水排入海洋，其中的营养促使藻类大量繁殖，是赤潮的主要原因。

赤潮已成为一种世界性的公害，美国、日本、中国、韩国等三十多个国家和地区赤潮发生都很频繁。

赤潮对海洋环境的破坏是严重的。在海水富营养化的条件下，海洋中的藻类浮游生物犹如得到了美味佳肴，贪婪地食用这些营养物质，在摄食的过程中，浮游生物们会消耗大量的氧气，但是海水当中的氧气毕竟是非常有限的，于是浮游生物就和其他海洋生物开始争夺氧气，许多海洋生物们因为得不到足够的氧气，窒息而死亡。同时，海洋生物在吸氧的时候可能会吸入这些海藻，最后堵塞鳃而死亡。

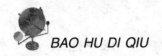

在工农业废水和生活污水排放入海之前，必须对废水进行处理。其中很重要的方法之一是采用微生物处理（也称之为生化法），就是利用微生物来分解工农业废水和生活污水中的有机物质。特别是对于有机营养物质含量较高的废水，微生物处理可获得较好的效果。

此外，为将赤潮灾害控制在最小限度，减少损失，必须积极开展赤潮监测与预警服务。当然，最重要的是我们应该保护和改善日益恶化的海洋生态环境，这是彻底消除赤潮发生的根本措施。

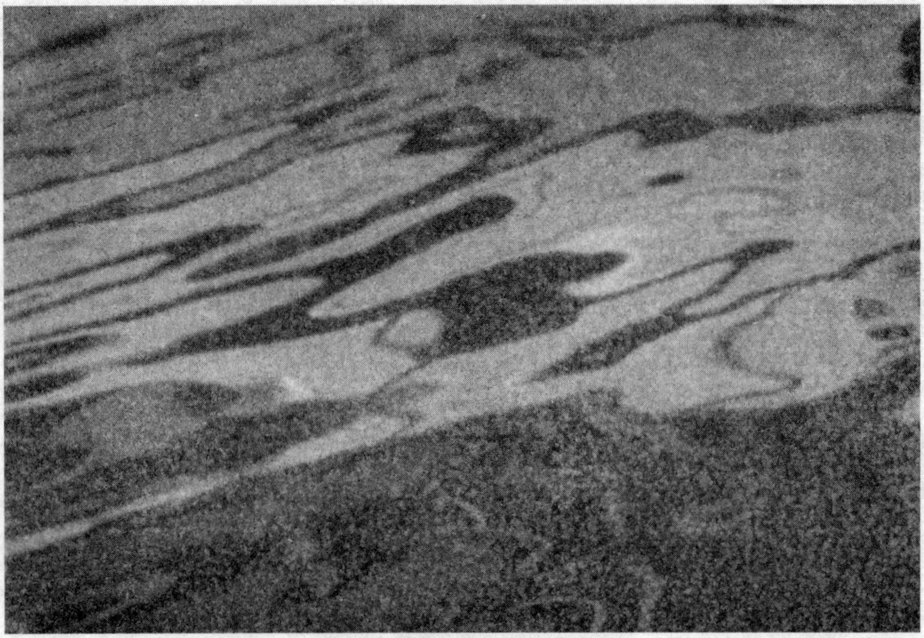

污染的水面漂浮着白色泡沫

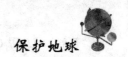

地球也会发高烧

在我们居住的地球四周，包围着一层厚厚的大气。太阳光线通过大气层的时候，大气层把可能逃跑的热量捕获，使地球温暖起来。这就是温室效应。造成这种温室效应的气体有二氧化碳、一氧化碳、水蒸气、甲烷、氟利昂等，我们称这些气体为温室气体。

恰到好处的温室效应，对人类是有益的。要是没有温室气体，地球平均气温要比现在下降33℃，地球会变成一个寒冷的星球。但是，近几十年工业化造成了大气中二氧化碳、甲烷、氟利昂等温室气体显著增加，温室效应加剧，地球的温度越来越高，随之而来的是全球生态环境平衡遭到破坏，生态系统发生巨大的改变。

专家称全球将变暖

沙漠化

在温室效应当中，二氧化碳起到了举足轻重的作用。二氧化碳能够大量吸收太阳辐射的热量。二氧化碳主要来自于人类生产生活所消耗的化石燃料，如煤、石油、天然气等。这些化石燃料在燃烧过程中会释放出大量的二氧化碳，使温室效应加剧。人类大量地砍伐森林，毁林造田也造成了二氧化碳浓度的升高。森林是人类的好朋友，它通过光合作用能够吸收大量的二氧化碳，释放氧气。当森林被破坏以后，森林吸收的二氧化碳就越来越少，使大气中二氧化碳的浓度大大增加。

环境污染引起的温室效应带来的最直接、最明显的危害就是气温的升高，夏天的热浪已经使我们无法进行正常的室外活动。甚至可以想象，在不久的将来，我国的许多避暑胜地将很有可能成为“烧烤”胜地。而随着气温的升高，带来的是地球上的病虫害增加，土地干旱，沙漠化面积增大，气候异常，海洋风暴增多。最可怕的是，南、北极地冰川将会逐渐融化，海平面逐渐上升，一些岛屿国家和沿海城市将淹于水中，其中包括纽约、上海、东京和悉尼几个国际大城市。而那些只能在低温环境下生长的生物，将会有灭绝的危险。

所以我们必须采取有效措施，制止全球变暖。比如：节约能源，减少使用煤、石油、天然气等化石燃料；更多地利用太阳能、风能、地热等干净的能源；大量植树造林，严禁乱砍滥伐森林等。具体到每个人，都应该为地球降温贡献自己的力量。我们平常可以节约用电，这样就可以节约电能，进而减少发电所用的煤、石油、天然气等能源的用量，减少二氧化碳的排放量；出行尽量乘坐公交车，少开私家车，减少汽车尾气的排放量；多参加义务植树，不随便砍伐树木，以便增加二氧化碳的吸收。

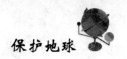

陆地“杀手”沙尘暴

春天来了，但伴随而来的不是鸟语花香，而是漫漫黄沙。沙尘暴把我们的城市吹得天昏地暗，汽车变成了黄色，人们身上、脸上都是土，好像从土里钻出来的一样。

沙尘暴多发生在每年的3~5月，它是一种风与沙相互作用的灾害性天气现象，它的形成与地球环境恶化、森林锐减、植被破坏、物种灭绝、气候异常等因素有着不可分割的联系。专家指出，沙尘暴作为一种高强度风沙灾害，并不是在所有有风的地方都能发生，只有那些气候干旱、植被稀疏的地区，才有可能发生沙尘暴。

在气象学中，沙尘天气被分为浮尘、扬沙和沙尘暴三个等级。浮尘指在无风或风力较小的情况下，尘土、细沙均匀地浮游在空中，人们还能看到距

沙尘暴天气

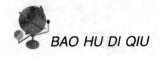

离较远的人或物；扬沙则由于风力较大，将地面沙尘吹起，使空气相当混浊，人们可以看清的距离较小；沙尘暴指强风把地面大量沙尘卷入空中，使空气特别混浊，人们仅能看到 1 千米以内的东西。而更强烈的沙尘暴风力可以达到 10 级以上，人们甚至只能看到 50 米以内的事物，破坏力极大，也被人们称为“黑风”。

沙尘暴的情况不仅我国有，在世界上许多国家都发生过。20 世纪 30 年代，由于美国不合理开发西部，大量焚烧草原，导致了 1934 年 5 月震惊世界的沙尘暴。这场沙尘暴从土地破坏严重的西部刮起，几乎横扫美国 2/3 的领土，沙尘暴把 3 亿多吨土壤卷进大西洋，毁掉耕地 300 万公顷。自那次事件之后，美国人聪明了起来，对草原加以保护，严禁滥垦，取得了很好的成效，六十余年来，再没有发生类似的事件。

沙尘暴天气

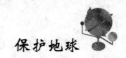

荒漠化是沙尘暴形成的重要原因

然而，人类不合理的开发利用草场是造成沙尘暴的罪魁祸首。近年来由于工业的发展，人口的膨胀，人类盲目开垦草场，使草场面积越来越小。而另一方面，我国牧区饲养的牲畜却越来越多，超过了草场的承载力，造成草场退化严重。结果羊多了，草少了，风沙大了。

目前，我国的土地正在以每年 2 460 平方千米的速度沙化，我国荒漠化土地面积已经达到262. 2 万平方千米，占国土面积的 27. 3%。荒漠无情地吞噬着祖国的土地，也为沙尘暴提供了源源不断的沙源。

沙尘暴带来严重的空气污染，使空气中充满浓浓的土味，人们如果在户外，很容易感染眼科和呼吸系统疾病，沙尘暴对人类的危害绝不亚于台风和龙卷风。

沙尘暴在我国北方地区猖狂肆虐后，还长途跋涉跨过长江，危害我国南方的部分城市和地区，甚至还波及台湾、香港等地。因此，我们必须减少人为的破坏，保护森林，保护草地，让我们的祖国多一些林木植被，少一些荒漠沙化；多一些风和日丽，少一些黄沙蔽日。

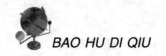

厄尔尼诺现象

近年来，各类媒体越来越关注这样一个气候学名词——厄尔尼诺。每当厄尔尼诺现象严重时，你就会发现地球上一些地区暴雨成灾、洪水泛滥，而另外一些地区则是久旱无雨，农业歉收。人们把众多气候现象与灾难都归结到厄尔尼诺的肆虐上，例如印尼的森林大火、巴西的暴雨、北美的洪水及暴雪、非洲的干旱等等。厄尔尼诺几乎成了灾难的代名词！

厄尔尼诺（ElNino）一词源于西班牙语，意思是耶稣诞生时的海流。厄尔尼诺在西班牙语中也就是“圣子、圣婴”的意思。最初人们用厄尔尼诺这

厄尔尼诺和拉尼娜都是大气圈的警告

2003 美国森林大火

个词来形容赤道太平洋东部的海温异常升高现象，现在则是指在全球范围内，热带大气和海洋相互作用造成的气候异常。它主要表现在：从北半球到南半球，从非洲到拉美，本该凉爽的地方却骄阳似火，温暖如春的季节突然下起大雪；原来干旱少雨的地方发生洪涝，而通常多雨的地方却出现长时间的干旱少雨。

厄尔尼诺现象是怎样形成的，遗憾的是这层面纱还没有完全揭开。有的科学家认为厄尔尼诺现象是由大气层或是海洋运动周期性变化造成的。我国的一些科学家认为厄尔尼诺现象是地球运动和内部的某些变化造成的，例如地球自转速率大幅度持续减慢、太平洋底火山爆发、海底地震以及太阳活动等，都可能引发厄尔尼诺的形成。总的来说，科学家们相信，厄尔尼诺现象的发生与人类自然环境的日益恶化有关，是地球温室效应加剧的直接结果，与人类向大自然过多索取而不注意保护环境有关。

“拉妮娜”一词同样源于西班牙语，是西班牙语“圣女”的意思，其引起的气候变化特征恰好与赫赫有名的“厄尔尼诺”相反。厄尔尼诺现象使海水的温度增高，而拉妮娜则使太平洋东部和中部的海水温度降低。、所以，拉妮娜现象是一种反厄尔尼诺现象。拉妮娜相对于厄尔尼诺造成的危害要小一些。拉妮娜特别喜欢跟在哥哥厄尔尼诺的身后，在70%的情况下，厄尔尼诺发生一年后，拉妮娜就会接踵而至。

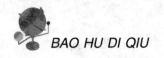

虽然厄尔尼诺现象对洪水、干旱和海浪产生了不利影响，并给渔业和海洋动物造成严重危害，但是，厄尔尼诺的最大影响则是对世界森林的破坏。1997年因厄尔尼诺现象毁灭的森林数量要超过历史上任何一次。在这一年，墨西哥和中美地区发生了森林大火，烧毁了数百万公顷森林；印度尼西亚加里曼丹燃烧数月的森林大火，使大片森林遭到破坏，烟雾笼罩了整个东南亚；在巴西亚马孙河流域，由于北方的干旱和火灾，巴西热带林损失了202万公顷，其中包括濒危的大西洋雨林。

森林大火

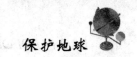

外来物种入侵

你听说过食人鱼吗？这本是生活在数万千米之外的南美洲的一种鱼类。这种鱼牙齿尖锐，性情凶残，它不仅捕食其他鱼类，而且还会对人和牲畜发起攻击。可是现在，在我国也出现了这种鱼。想一想，这是多么可怕的事情。在进入21世纪全球一体化的进程中，各个国家都面临着迫切的外来物种入侵问题，其对生态环境的危害就像人体细胞癌变对人体的危害那样严重。

外来物种入侵也称外来生物入侵。人类的活动总是有意无意地把一个地方的生物引到另一个地方，这些生物快速生长繁衍，往往危害到后者的生产和生活。外来物种入侵在生物多样性、经济等方面造成了巨大的损害，在很多国家和地区，外来物种的危害已经达到了难以控制的局面，生态环境遭到重创。

水葫芦占领了水面

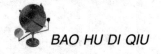

澳大利亚原先没有兔子这一物种，1859 年，移民从英国带来了十多只欧洲野兔。一场生态灾难开始了。兔子在澳洲没有鹰和狐狸等天敌，便开始大量繁殖。到 1907 年，兔子遍布整个澳洲大陆，吃光了草原上的牧草，牛羊因此忍饥挨饿，澳大利亚的畜牧业遭受巨大损失。人们想了许多办法，如筑围墙、打猎、捕捉、放毒等，都没有办法消除兔灾。最后还是出了下策——从美洲引进了一种靠蚊子传播的病毒，能杀死欧洲兔却对于人、畜和野生动物无害。然而，这种方法会不会也有某种生物入侵的后遗症呢？

日本植物克株的花美丽迷人，还能散发出甜甜的葡萄酒香气。它是以观赏植物的身份被引进到美国的。克株的生长快，适应性极强，能在极其恶劣的土壤条件下生长，还是优良的绿肥和饲料，美国开始大规模推广。可几年之后恶果显现，克株漫无目的地到处疯长，给当地生态环境带来了极大灾难。到 20 世纪 60 年代，当年致力于研究培育克株的农业部门来了个 180 度大转弯，转向研究如何控制和消除克株。于是美国又开始了轰轰烈烈的清除克株运动，并为此付出了巨大的人力物力。

飞机草

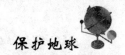

我国也是受外来物种入侵灾害严重的国家之一，伶仃岛的微甘菊、云南滇池的水葫芦、西双版纳的飞机草、正在毁掉海岸滩涂的大米草……20 世纪 80 年代以来，随着国门打开，经济交流的加速发展，各种外来物种也纷纷闯入。现在从森林到水域，从湿地到草地，甚至到城市居民区，都可见到这些生物“入侵者”。专家介绍，全国各地都已经发现入侵物种，尤其是在低海拔地区及热带岛屿最为严重。几种主要外来入侵物种每年给我国造成的经济损失达 574 亿元人民币，仅对美洲斑潜蝇的防治费一项，就需 4.5 亿元。

微甘菊已经成为深圳绿化工作的大敌

外来物种入侵昭示着现代环保的困境，引起了世界各国的广泛关注，人们把每年的 5 月 22 日定为国际生物多样性日，这表明外来物种入侵已经成了一个全球性的大问题。为了解决外来物种入侵问题，各国目前已通过了 40 多项国际公约、协议和指南，而且有更多的协约正在制定中。让我们都来关注外来物种入侵，保护好我们生存的家园。

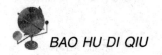

矿物燃料还能开采多久

在地球资源中，石油、煤炭、天然气是经过了数百万甚至上亿年的时间才形成的，是不可再生的资源。人类目前使用的能源90%以上取自于这些矿物燃料。

但是，石油、煤炭、天然气在地壳中的含量都是有限的，开采多少储量就减少多少，开采的速度越快，减少的速度也越快。石油的生成需要亿万年的时间，在可以预见的人类历史中人类不能幻想其储量会增加。石油是这样，煤和天然气也是这样。现在，适合于经济开采的石油和天然气资源只能再开

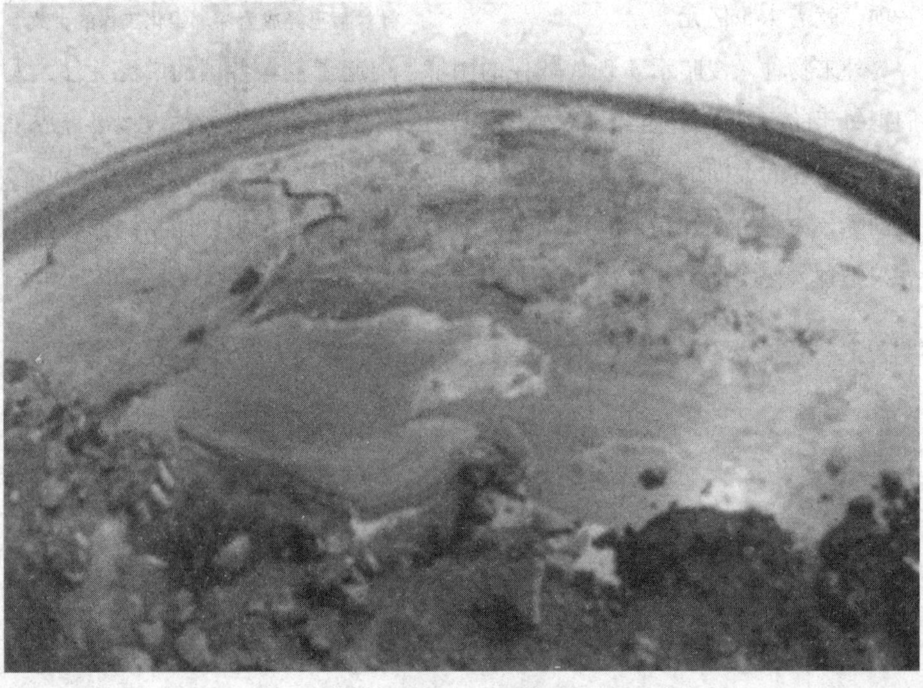

千疮百孔的煤炭塌陷地

渤海中的石油井架

采30年，最多50年内将被耗尽。煤炭总储量也仅够开采300年，能源危机已经迫在眉睫。

我国早在2 000年前的春秋战国时期，就已用煤作燃料了。至今煤炭仍是人类最重要的能源之一。1990年世界能源消费构成中，煤炭占27.3%，仅次于石油，居第二位。

那么，煤是怎样形成的呢？原来，在漫长的地质历史上，沼泽森林覆盖了大片土地，包括菌类、蕨类、灌木、乔木等植物，这些古代的植物体因为地壳运动而被埋没地下，在适宜的地质环境中经过漫长年代的演变就形成了煤。煤在地球上的储量非常丰富。

石油素有“工业的血液”之称，是当今世界最重要的能源，又是近代有机化工的重要原料。石油是西方发达国家的主要能源，也是经济发展的重要支柱。但是，这些国家的石油消费大量依赖进口，而且进口石油的地区非常集中，主要来自中东、西北非等发展中国家。

20世纪70年代以来，阿拉伯国家对西方发达国家采取了减产、禁运、提价、国有化等措施，使这些国家出现了以石油为主的能源供不应求，并由此造成了经济混乱和社会动荡，所以被称为“石油危机”。

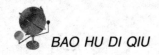

中国石油、煤炭、天然气的储量都比较大，煤炭储量居世界第3位，石油居第6位。但是，按人均计算就非常低了。拿储量丰富的煤炭资源来说，目前探明储量居世界前列，而人均值仅为世界平均值的一半。而作为重要战略物资的石油、天然气尤其不足。

石油天然气是重要的战略物资

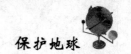

人类是物种灭绝的罪魁祸首

在地球上，人不是唯一的生物，还有许许多多别的美丽生灵。它们和人类一样，都是大自然的子民，拥有与人类同等的生存权。然而，人类为了自己的享受使许多物种濒临灭绝。大片的原始森林和珍惜植物被砍伐，大批的野生动物被猎杀。

任何一种生物，都是生态链或生态网中的一环，与其他生物存在着直接或间接的依存关系，任何一种生物的减少或消失，都会牵一发而动全身，造成多米诺骨牌似的效应，最后受害的是我们人类自己。

海豚

生命在呼唤

在生命进化史上，物种的灭绝原本是一件很自然的事，但却是物种正常的新陈代谢。然而，在人类工业化发展的一百多年里，物种灭绝的速度比自然灭绝的速度加快了一千倍。这主要是因为人类摧毁了森林、开荒种田，使动植物失去了它们的家园，把它们赶到新的生存环境，又污染了空气、水、土壤。

地球上现存物种至少有1000万，每年却有3万种左右的生物灭绝，而且物种灭绝的速度在逐年加快。因此，在未来的50年里，我们将失去现存物种的50%，那时的地球将没有野生的大象、猩猩、大熊猫、犀牛、海豚、鹧鸪，人类将步入一个孤独的时代。

在已灭绝的动物中北美旅鸽是个鲜明的例证。旅鸽的数量曾占美国陆地鸟类数量的40%，最多时达50亿只，但好景不长，欧洲人踏上北美大陆后开始用各种办法捕杀这种鸟，只为吃他们的肉。在如此狂捕滥杀下，旅鸽很快被逼到了灭绝的边缘。1914年9月，最后一只叫“玛莎”的雌性旅鸽在众目睽睽之下死于辛辛那提动物园。33年后，人们为旅鸽建了一座纪念碑，碑文上记录了旅鸽的悲惨遭遇，这是人类的一份忏悔书，但旅鸽已看不到了，因为地球上已经没有旅鸽了。

每一个物种都有它存在的价值，例如生活在热带雨林中的昆虫。不要小看昆虫，它们在传花授粉中担当重要角色，它们还能吞食碎屑、腐质，抑制虫害。

每一个物种的丧失对人类来说都是巨大的损失。我们失去了一种奇特的靠胃孵化的澳洲蛙，这种蛙在胃中孕育后代，后代从口中出生。在孵化阶段，雌蛙的胃停止产生胃酸。如果科学家们能够早点知道澳洲蛙是如何停止产生胃酸的，也许还能帮助人们找到治疗胃溃疡的新方法。

我们目前所有的食物都来自野生物种的驯化，人类已利用了大约 5000 种植物作为粮食作物，还饲养了猪、牛、羊等家禽，而且这些物种也在不断地

鹧鸪

黑叶猴确实很丑

从野生动植物那里吸取优化的基因，以保持物种的高产和抗病能力。丰富的物种还充实着我们的药房，世界上很多药物都含有从植物、动物或微生物中提取的有效成分。物种丰富的生态系统无疑将为整个人类社会的未来提供更多的产品。

就个人来说，每个人都拒食野生动物，改变不良的饮食习惯，拒用野生动植物制品，那些偷卖者才会失去市场，偷伐偷猎者也才会销声匿迹。

为藏羚羊呼救

在中国西北的青藏高原，有一片被称为“可可西里”的无人区，那里气候恶劣，平均海拔在5000米以上。千百年来，由于可可西里地区不适合人类生存，从而避免了人类活动的骚扰，长期保持着原始的自然状态，于是也就成为野牦牛、藏羚羊、野驴、白唇鹿、棕熊等青藏高原上特有的野生动物的天堂。

但是近年来，由于不法盗猎分子在巨大经济利益的驱使下，大肆非法猎杀野生动物，使可可西里地区的各类野生动物数量急剧下降，根据官方的统计资料表明，藏羚羊总数已由原来的数十万头骤减为不足五万头，如不采取紧急保护措施，藏羚羊将面临种群的灭绝！

神秘的青藏高原养育了藏羚羊这一神奇的物种。藏羚羊喜欢栖息在海拔5000米的高原荒漠、冰原冻土地带及湖泊沼泽周围，藏北羌塘、青海可可西里以及新疆阿尔金山一带令人类望而生畏的“生命禁区”，正是它们快乐的家园。藏羚羊耐高寒、抗缺氧、食料要求简单而且对细菌、病毒、寄生虫等疾病有很强的抵抗能力。它们可以在海拔5000米的高度以60千米的时速连续奔跑，那奔腾跳越的矫健身姿给青藏高原添加了鲜活的生命色彩！它们是生命力极其顽强的高原精灵！

可可西里的藏羚羊

在青藏高原独特恶劣的自然环境中，为抵御严寒，藏羚羊身体上生长有一层保暖性极好的绒毛。藏羚羊身上的羊绒轻软纤细，弹性好，保暖性极强，被誉为“羊绒之王”，也因其昂贵的身价被称为“软黄金”。而且这绒毛是制作“沙图什”的唯一原料。“沙图什”是一种美丽华贵的披肩的名称。一条长 2 米、宽 1 米的沙图什重量仅 100 克左右，轻柔地把它攥在一起可以穿过戒指，所以又叫“指环披肩”。这种披肩已经成为欧美等地有钱人追求的一种时尚，其价格可达 4 万美元一条，贵比黄金。

藏羚羊绒因其绒极短，不能像山羊、绵羊那样剪，只能把毛从皮上扒下来。因此，一条长 2 米、宽 1 米、重 100 克的“沙图什”需要以 3 只藏羚羊的生命为代价。巨额利润刺激着贪婪的盗猎分子的欲望，进入 20 世纪的最后 10 年，藏羚羊遭到了令人发指的杀戮。

藏羚羊奔跑迅疾，难以活捉，因此盗猎者均采取简单残暴的屠猎方式，杀羚取绒。藏羚羊有着极好的群体精神。当它们之中出现“伤员”时，大队藏羚羊就会减慢前进的速度来照顾它们，以防止猛兽吃掉负伤者。而这种善

可可西里

藏羚羊

良的习性却被丧心病狂的盗猎分子利用。每当夜晚，盗猎者开着汽车，朝即将临产的雌性藏羚羊群横冲直撞，同时疯狂地开枪扫射。一旦群体中出现伤者，整个群体谁也不愿独自逃生，宁肯同归于尽。在盗猎现场常常可以看到这样的景象：数百头藏羚羊全部被屠杀，血流成河，尸横遍野；母羊当场被扒皮，小羊无法生存，活活饿死。

藏羚羊与恶劣环境斗是胜利者，与饥饿严寒斗是成功者，与豺狼虎豹斗是无畏者，它们从不屈服于来自自然界的任何困难，从未放弃过自己的家园。然而，就是这样生命力如此顽强的野生动物却大批大批地惨死在人类的枪口下。20 世纪 90 年代初期，藏羚羊的数量在 65000 只到 72500 只之间，只有 100 年前藏羚羊总数的十分之一。现在每年大约有 2 万多只藏羚羊被猎杀。如果还不采取行动，藏羚羊将在 5 年内灭绝。

藏羚羊种群是极其珍贵的生物资源。保护藏羚羊的意义绝不亚于保护国宝大熊猫。因为任何一个物种都是地球的财富，更是我们人类的伙伴！保护藏羚羊种群、彻底制止偷猎已经刻不容缓！

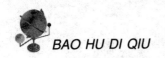

环保纪念日的由来

地球是广阔无垠的宇宙中一颗罕见的"孕育了生命的星球"。如今，它因为人类的行为而患病在身：目前全球人口正以每年 9 000 多万人的幅度增长，世界人口到 21 世纪中期将达 100 亿；全球每年流入海洋的石油达 1000 多万吨，重金属几百万吨，还有数不清的生活垃圾；全球每年向大气中排放大量的二氧化碳、二氧化硫、一氧化碳、硫化氢等污染物；而全世界森林面积则以每年约 1700 万公顷的速度消失，平均每天有 100 多种生物消亡。

时至今日，人们终于明白了一个道理：大自然对我们人类一无所求，而人类只有在大自然的荫蔽下才能得以生存。人类在破坏地球环境的同时，也在毁灭着自己。

好的环境需要保护

环境问题——荒漠化

1970 年 4 月 22 日，在美国，人们自发地掀起了一场声势浩大的公民环保运动。在这一天，全美国共有 2000 多万人走上街头游行，呼吁政府采取措施保护环境。这次活动，促使美国政府于 20 世纪 70 年代初通过了水污染控制法和清洁大气法的修正案，并成立了美国环保局。而且，它还促成了 1972 年联合国第一次人类环境会议的召开。从此，4 月 22 日成为“地球日”，它的影响超出了美国国界，成为世界一百四十多个国家的民众进行大规模环保活动的共同纪念日。

1987 年 7 月 11 日，以一个南斯拉夫婴儿的诞生为标志，世界人口突破 50 亿。为此，联合国人口基金会把 1987 年 7 月 11 日定为“世界 50 亿人口日”。1990 年 7 月 11 日，联合国确定并发起举行了第一个“世界人口日”，同时决定从 1990 年开始，以后每年的 7 月 11 日，全世界举行“世界人口日”纪念活动。

世界人口在高速度地增长，到 1999 年 10 月 12 日，全世界的人口总数突破 60 亿大关，于是联合国又将这一天定为“世界 60 亿人口日”，目的是向全

人们对地球环境产生巨大的压力

世界的人们宣布世界人口已经增长到了一定的阶段，人口对地球环境产生巨大的压力，地球已经不堪重负。

1972 年 6 月 5 日，联合国在瑞典首都斯德哥尔摩召开了第一次人类环境会议。出席会议的国家有 113 个，共有 1300 多名代表。这次会议提出了响遍世界的环境保护口号：只有一个地球！1972 年 10 月第 27 届联合国大会按照它的建议规定每年的 6 月 5 日为“世界环境日”，以后，每逢“世界环境日”，世界各国都要开展环境保护宣传纪念活动。

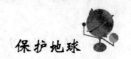

我国著名的自然保护区

人们为了保护珍稀濒危野生生物物种，保护有代表性的自然生态系统和有特殊意义的自然历史遗迹，专门划定了一定面积的陆地或水体的自然环境进行特殊保护和管理，这就是自然保护区。

自然保护区的建立，使陆地生态系统种类，特别是珍稀濒危野生动植物得到了较好的保护。同时，自然保护区还起到了涵养水源、保持水土、防风固沙、稳定地区小气候等重要作用。我国著名的自然保护区主要有三江源自然保护区、卧龙自然保护区以及西双版纳自然保护区等。

西双版纳原始森林公园

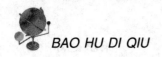

2000年8月我国建立了面积最大、海拔最高的自然保护区——三江源自然保护区。所谓三江源，就是指长江、黄河和澜沧江的源头地区，它位于我国青海省境内。三江源地区素有“中华水塔”之美誉，长江总水量的25%、黄河总水量的49%和澜沧江总水量的15%都来自这一地区。而且，它还是世界上高海拔地带生物多样性最为集中的地区，有藏羚羊、藏野驴等野生动物70多种。近年来，黄河断流越来越严重使得人们更加重视这一地区的环境保护。

卧龙自然保护区位于四川岷江上游、成都市西北的卧龙县，占地约20万公顷，这里地势起伏错落，最高海拔6250米，最低海拔1200米，是以保护高山生态系统及大熊猫、金丝猴、珙桐等珍稀物种为主的国家级自然保护区。保护区除大熊猫、金丝猴外，还有牛羚、云豹、白唇鹿、雪豹、绿尾虹雉、

西双版纳

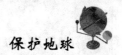

金雕、斑尾榛鸡、胡兀鹫、小熊猫、猞猁、灵猫等珍贵动物，是一座天然的动物园。卧龙自然保护区已被联合国教科文组织列为世界生物圈保护区。

卧龙自然保护区

美丽富饶的西双版纳位于云南省的最南端，这里迄今还保留着总面积大约为 100 万公顷的大片原始森林，是物种荟萃的宝地，素有“动植物王国”之称。在自然保护区里面，分布着大约 62 种兽类，400 余种鸟类，大约占我国鸟类总种数的三分之一。其中被列为国家保护的珍稀动物有 40 多种，如黑冠长臂猿、白颊长臂猿、獭猴、印度野牛、亚洲象、孟加拉虎、小鼷鹿、冠斑犀鸟、棕颈犀鸟、绿孔雀、巨蜥等。科学家认为这里也是许多物种的起源地，因此也被称为“动植物生命的摇篮”。

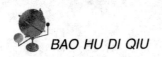

防治工业污染的最佳途径

所谓清洁生产，顾名思义就是生产过程中的每一个环节都要清洁，不排放污染物质，或者尽量少地排放污染物质。从广泛意义上讲，清洁生产还不仅仅是清洁的生产过程，还有使用清洁的能源，清洁地利用能源，选择可再生的能源。除此之外，还要生产清洁的产品，产品在使用的过程中不危害人体健康和生态环境、包装合理、产品报废之后容易处理降解等等。

有污染的生产

传统的治理污染的思路是“先污染，后治理”，并未从根本上解决工业污染问题。原因很简单，一边治理，一边排放。而且为了治理污染，许多国家和企业都投入大量的资金，背上了沉重的经济负担。同时，污染物一经排放到环境再进行治理，不但增加处理的难度，而且处理难以达到要求。这样，人们才认识到，在污染的源头把关，才是解决污染问题的最好办法。

化工生产要清洁生产

清洁生产包括清洁的能源、清洁的生产过程和清洁的产品三方面的内容。对能源而言，就是采用各种方法对常规的能源采取清洁利用的方法，要提高能源利用效率，开发利用清洁的能源和可再生资源。对生产过程而言，清洁生产包括节约原材料，减少生产过程中可能产生的有毒、有害污染物，减少生产过程中的各种危险性因素，采用可靠和简单的生产操作和控制方法，对物料进行内部循环利用，完善生产管理，不断提高科学管理水平等。对产品而言，就是产品应具有合理的使用功能和使用寿命；产品本身及在使用过程中，对人体健康和生态环境不产生任何负面影响和危害；产品失去使用功能后，还要易于回收、再生等。

清洁生产环境

清洁生产自诞生以来，迅速发展成为国际环保的主流思想，有力推动了世界各国的环境保护。各国在清洁生产实践中还不断创新，新的清洁生产思想、新的清洁生产工具大量涌现，进一步推动了清洁生产的发展。目前，清洁生产已在我国化工、纺织、印染、造纸、石化等行业广泛展开，取得了显著的经济和环境效益。

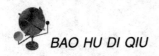

清洁生产

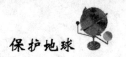

发展生态农业

生态农业，简单地说，是指在保护、改善农业生态环境的前提下，从事高产量、高质量、高效益的农业生产活动。它以协调人与自然关系，强调农、林、牧、副、渔业的综合发展为基本原则，使整个农业生产步入可持续发展的良性循环轨道。

生态农业遵循自然规律和经济规律，运用传统农业种植经验，在农业生产中尽量利用自然过程，以最少的投入获得尽可能多的产出，并能使自然资

生态农业

生态农业园

源得到正常的更新，保持良好的生态环境。我国长江三角洲地区的桑基鱼塘就是一个典型的生态农业。桑基鱼塘是我国劳动人民在长期耕作过程中创造出来的一种科学方法，具体做法是：在鱼塘四周种桑，以桑养蚕，蚕沙喂鱼，鱼粪肥塘，塘泥肥桑地，形成一个良好的生态循环。

目前，我国农业化肥每年要使用4 124万吨，按播种面积计算，平均每公顷化肥使用量达400千克，远远超过发达国家为防止化肥对水体造成污染而设置的225千克/公顷的安全上限。全国每年农药使用量达30多万吨，除30%～40%被农作物吸收外，大部分进入了水体和土壤及农产品，使全国1.4亿亩耕地遭受了不同程度的污染。蔬菜、水果中也不同程度存在着农药污染超标。

化学农药一旦进入环境，会造成严重的大气、水体及土壤的污染。久而久之，还会使得害虫产生一种抵抗这种毒性的反作用，成为抗农药的“超级害虫”。针对化学农药的种种弊端，人们已研制出一系列效率高、成本低、不污染环境、对人畜无害的生物农药。例如真菌杀虫剂白僵菌和绿僵菌，能防除400种害虫。

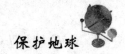

生态农业科技园出产的葡萄

生物农药不污染环境、对害虫天敌无害、对人体和家畜没有副作用，是实现生态农业的重要保证。

总的说来，生态农业追求三个效益（即经济效益、社会效益、生态效益）的高度统一，使整个农业生产步入可持续发展的良性循环轨道。把人类梦想的“青山、绿水、蓝天，生产出来的都是绿色食品”变为现实。

美好的生态环境是人们的梦想

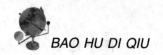

绿色产品

绿色产品，是指产品本身的质量符合环境、卫生和健康标准，而且其生产、使用和处理过程也不会造成污染、破坏环境。绿色代表生命，代表健康和活力，象征着充满生机的大自然，人们就把这类与大自然相协调的产品统称为绿色产品。

今天，绿色产品就像一缕绿色的风吹入了我们的生活，我们吃绿色食品，穿绿色服装，用绿色家电，开绿色汽车……绿色产品的蓬勃兴起给环境日益恶化的地球带来了一线生机。

绿色食品是什么呢？是那些绿颜色的蔬菜吗？当然不是。绿色食品是对无污染的、有利于人体健康的优质营养类食品的一种形象表述。为了突出这

绿色食品不只是绿颜色的水果和蔬菜

绿色家电生产

类食品出自良好的生态环境，并能给人们带来旺盛的生命力，因此将其命名为绿色食品。绿色食品种类繁多，它涉及粮油类、蔬菜类、果品类、饮料类、畜禽蛋奶品、水产类、酒类和其他一些食品，并非仅指蔬菜类。

除了绿色食品，还有绿色家电。绿色彩电要求规格在 29 英寸（74 厘米）以上彩电的 X 射线的辐射量低于 0.05 毫伦琴/时，因为在此范围内才不会对人体造成伤害。而且，电视机的包装也不得使用会造成污染的材料。绿色冰箱、冰柜主要要求它的制冷、发泡系统不再使用含氟物质，因为氟氯烃类物质对大气臭氧层有严重破坏作用。绿色洗衣机、绿色空调也属改善居室环境质量类绿色产品，主要检测其噪音和节能性是否达到环保要求。

绿色汽车就是指无污染或者低污染的汽车。具体来说，是指一辆汽车从生产出来到报废，整个运行过程对环境不产生污染，即无排放污染物，而且

要吃绿色食品

报废后车辆的材料可回收及再生，不造成二次污染。目前在我国，城市公交车和出租车已经大多使用环保型燃气汽车。这种汽车是以天然气和液化石油气为燃料的清洁汽车。因为液化气燃烧充分，尾气中没有有害物质，对空气的污染小。过去常见的公共汽车屁股后头冒黑烟的现象眼下已经不多见了。

绿色服装主要是指绿色纺织品和生态服装。在使用和穿着时，能给人以舒适、松弛、回归自然、消除疲劳、心情舒畅的感觉。绿色服装大多以天然动植物材料为原料，在日本，还研制出了牛奶内衣。人们以牛奶为原料，先将其脱水、脱脂，再配以专用溶剂，经高压喷射制成如蚕丝般又细又长的牛奶纤维。这种内衣穿起来舒服极了。

福特生产的低污染双燃料汽车

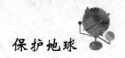

绿色电力

我们确实生活在一个高能耗的时代，汽车、彩电、冰箱、微波炉等等，我们所能想到的一切可以用电、用油的东西都已成为我们的日常用品。但随着“理想”的实现，人类对能源的需求越来越大，生存环境却遭到了前所未有的破坏……

“绿色电力”的概念就在这样的背景下诞生了。所谓“绿色电力”，就是利用特定的发电设备，如风机、太阳能光伏电池等，将风能、太阳能等转化成电能。这种方式在发电过程中不产生或很少产生对环境有害的排放物，且不需消耗化石燃料，节省了有限的资源储备，相对于常规的火力发电，来自

太阳能旅游车

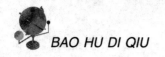

于可再生能源的电力更有利于环境保护和可持续发展，因此人们给它绿色电力的美誉。

绿色电力包括风电、太阳能光伏发电、地热发电、海浪潮汐发电、小水电等。作为可持续能源的重要组成部分，绿色电力恰好为我们提供了一个选择绿色能源消费的机会。

风电一直是世界上利用增长最快的能源，到2003年初，全球风力发电机容量达3200万千瓦，即其总量已经相当于32座标准核电站。风力发电的发展速度给人们很大的惊喜。在欧洲，风能发的电已经能够满足4000万人生活的需要。在亚洲的一些国家，近年来风力发电也取得较快发展。中国的风力发电还有待提高。目前，风力发电的主要成本在于发电装置的维护上，如果能够进一步降低维护成本，则风力发电将会发挥更大的潜力。

利用海浪发电是近年新兴的一种趋势。海洋中波浪冲击海岸时激起大量的浪花，冲击力巨大，其中蕴藏着极大的能量。据科学家估计，在1平方千米海面上产生的能量可以达到20万千瓦之多。由此计算，全球波浪能的储量可能达到25亿千瓦。现在，沿海各国都十分重视利用这种能源作为发电动

风力发电场

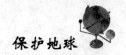

力。中国利用波浪发电的技术位于世界先进行列。

太阳能草坪灯，白天太阳能充电，晚上发光

太阳能发电即通过太阳能电池来发电，太阳能电池是把光能直接转换成电能的一科半导体器件。太阳能发电不会给空气带来污染，不破坏生态，同时又具有来源丰富，并得到有规律补充的特点，是可再生的清洁绿色能源。太阳能发电早已得到世界各国的高度重视，在这方面的开发和应用都取得了极大的进展。中国的太阳能发电产业也在快速进行。目前，太阳能电池的主要问题在于光电转换率太低，如果能够大幅度提高，则我们日常的很多电器都可以采用太阳能供电，例如数码相机、手机、手提电脑晒晒太阳就可以工作了。

地热发电是地热利用的最重要方式。地热发电和火力发电的原理是一样的，都是利用蒸汽的热能在汽轮机中转变为机械能，然后带动发电机发电。所不同的是，地热发电不像火力发电那样要备有庞大的锅炉，也不需要消耗燃料，它所用的能源就是地热能。能源专家们认为，环保的地热发电将在今后有强劲的发展前景。有专家甚至估计，地热发电量在 20 年后将占世界总发电量的 10%。中国地热资源丰富，地热发电前景广阔。

绿色电力还包括生物质能汽化发电和小水电等多种形式。随着现代生活方式的转变，选择绿色生活已成为一种时尚，一种必然。当绿色电力与传统电能交给你选择时，什么样的生活方式会更吸引你的目光呢？

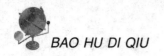

可利用的新能源

我们知道，地球上矿物燃料的储量是有限的，而且由于人类无限制地开采，已渐趋于枯竭。而且，大量矿物能源的燃烧，还造成了大气污染，诱发温室效应和酸雨。因此，为了给子孙后代创造一个能源丰富、环境优美的地球家园，人们必须想办法寻找新能源。现在，人们的眼光落在太阳能、地热能、氢能、海洋能、核能以及生物质能等能源资源上。

核能的发现和利用是上世纪的重大成就之一，专家认为它是人类最理想的能源。使用核能有耗费低、污染少，安全性强等优点，现在已作为一种可

秦山核电站

太阳能电池板

以大规模和集中利用的能源来代替矿物能源。核电站的原理是利用核聚变、核裂变反应所释放的巨大能量来产生电能。

1991 年 12 月 15 日，我国第一座核电站秦山核电站并网发电成功，每年向华东电网输送 17 亿度电。随后又建成了大亚湾核电站。目前，核电已占我国发电总量的 1.49%。

生物质能是蕴藏在生物质中的能量，是绿色植物通过叶绿素将太阳能转化为化学能而贮存在生物质内部的能量。生物质能一直是人类赖以生存的重要能源，它是仅次于煤炭、石油和天然气而居于世界能源消费总量第四位的能源，在整个能源系统中占有重要地位。实际上，煤、石油和天然气等矿物能源也是由生物质能转变而来的。

风能

生物质能是世界上最广泛的一种可再生能源。在我国农村到处可以看到许多生物质的废弃物，如人畜粪便、秸秆、杂草和不能食用的水果、蔬菜等等。将这些废弃物收集起来，经过细菌发酵可以产生沼气，沼气具有很高的热值，因此可以用来充当燃料和照明。

海洋能包括潮汐能、波浪能、海流能、海水温差能和海水盐差能等，它是一种可再生的巨大能源。全世界海洋能的理论可再生总量约为766亿千瓦，现在技术上可以开发的起码有64亿千瓦。我国的海洋能也相当可观，据估算可开发量约4.6亿千瓦。

太阳内部进行着由氢聚变成氦的原子核反应——核聚变过程，不停地释放出巨大的能量，并不断地向宇宙空间辐射，这就是太阳能。太阳内部的这

太阳能路灯

种核聚变反应可以维持很长的时间，据估计约几十亿到上百亿年，相对于人类的生存进化而言，太阳能可以说是取之不尽，用之不竭的。

氢能有可能在21世纪世界能源舞台上成为一种举足轻重的清洁能源。氢是自然界存在最普遍的元素，据估计它构成了宇宙质量的75%，除空气中含有氢气外，它主要以化合物的形态贮存于水中，而水是地球上最广泛的物质。

氢能利用形式多，既可以通过燃烧产生热能，在热力发动机中产生机械功，又可以作为能源材料用于燃料电池，或转换成固态氢用作结构材料。用氢代替煤和石油，不需对现有的技术装备作重大的改造。因此，众多科学家认为，随着制氢技术的进步和贮氢手段的完善，氢能将在未来的能源舞台上大展风采。

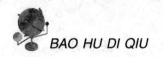

呼唤太阳能时代

近代以来的工业革命带来了巨大的社会进步，同时也极大地消耗了煤炭、石油等矿物资源。到20世纪70年代末，人们终于认识到，“矿物型世界经济”的弊端太大，它耗费了太多的不可再生资源，同时又使得人类生存环境质量下降，吃力不讨好。基于这样的共识，人们转而开发可再生能源，其中最主要的便是太阳能。

太阳能无污染，可持续利用，是21世纪最有竞争性的能源。各国政府积极地制定开发和利用太阳能的政策和计划，世界最大的石油企业也已将重点向太阳能转移，太阳能时代已经拉开它辉煌的大幕。

太阳灶

太阳能电池板

太阳是光明的象征，46 亿年来太阳一直照耀着地球，送来光，也送来热。将阳光聚焦，可以将光能转化为热能。传说阿基米德就曾经利用聚光镜反射阳光，烧毁了来犯的敌舰。在日照充足的地方，人们在生产和生活中已大量使用太阳灶、太阳能热水器和干燥器，还用太阳能进行发电。

太阳灶的原理很简单，用金属或其他材料制成类似镜面的装置，将阳光反射到某一焦点，就可以得到 100℃以上的高温，这足够用来做饭、烧水或加热各种东西了。现在，专家又开发了镜面方向能够随着太阳的位置变化而自动调整的太阳灶，太阳能的利用率更高了。大型的“太阳灶”能够产生罕见的高温，现在世界上最大的抛物面型反射聚光器有9层楼高，总面积2500平方米，焦点温度高达4000℃，多数金属都可以被熔化。

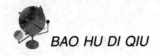

太阳能热水器的构造要简单得多，因为不需要它产生太高的温度。在多数情况下，可以将太阳能热水器的集热器制成箱式、蛇型管式、直管式、平板式或枕式，通过管道与水源和储水箱相连。利用太阳能供应浴室热水在我国北方比较常见。按照北京的气候条件，每年从5月起直到10月初，采光总面积100平方米的集热器加上12吨的水箱，可以从早到晚供应300人洗浴用的热水，既不用烧煤也不需要补充其他热源，水温高时还要添加冷水。如果推广使用，将会有效地节约北京市已经十分紧张的供电情况。

阳光也可以用来发电。比较常见的光电池是用半导体材料硅制成的硅电池，它能将13%～20%的日光能转化为电能。许多电子计算器和其他小型电子仪器现在已经采用太阳能电池供电，人造卫星和宇宙飞船更是主要依靠太阳能电池来提供电力。

太阳能热水器

最大胆的设想是利用地球轨道卫星在太空中发电。由卫星组成的太阳能发电站可以在高空轨道上大面积聚集阳光，通过高性能的光电池转换成电能，然后通过微波发生器转换成微波并发回地面。地面的接收天线再把收到的微波整流并送往通向各地的电力网，供广大用户使用。

我国太阳能产业起步虽晚，但太阳能热水器在我国应用比较广泛；太阳能电池生产线在中国仍然处于初期阶段，由于价格昂贵，应用受到限制。到2020年，我国经济将比现在翻两番，而能源消耗却不能有同样的增长。能源专家说，除了全面实现节能目标外，我们必须仰仗光芒四射的太阳。我们可以乐观的设想，人类的未来将是一个太阳能时代的未来。

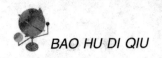

不能乱丢废旧电池

人们在电池“没电”之后，常常随手丢弃废旧电池。可是，废电池虽小，危害却很大。一粒钮扣电池能污染60万升水，这相当于一个人一生的用水量，而一节一号电池的溶出物就足以使1平方米的土壤丧失农用价值。由于废电池污染不像垃圾污染那样可以凭感官感觉得到，具有很大的隐蔽性，所以一直没有得到应有的重视。目前，我国已成为电池的生产和消费大国，废旧电池污染也已成为迫切需要解决的一个重大环境问题。

镍氢电池

废电池污染

你们或许不知道，废电池有可能成为污染的祸根。电池中含有大量的重金属污染物汞（水银）、镉、铅等。当被随意丢弃，或者混在一般生活垃圾中堆放在自然界时，电池就会自然腐蚀，这些有毒物质便会慢慢从电池中溢出来，进入土壤或水源，再通过食物链进入人体，危害人们的健康。它们不但损害人体的神经系统、造血功能、肾脏和骨骼，有的还能够致癌。在20世纪五六十年代日本就曾发生震惊世界的“水俣病”和“骨痛病”环境公害事件，人们最终确定就是由于汞污染和镉污染造成的。

因此，废电池的回收也就显得十分重要。在西方发达国家，早就已经开始对废电池进行分类回收。像在德国，更是规定在购买新电池前，必须以旧电池来换！从 1999 年 5 月开始，北京的麦当劳餐厅成为了北京市“有用垃圾回收中心”的废旧电池回收点。当你走进任何一家麦当劳餐厅，都可以在入口处看见一个淡黄色的废电池回收箱和一幅醒目的宣传海报。合肥市也在许多公共场所设立了废旧电池回收桶，3 年回收废旧电池近 10 万节。

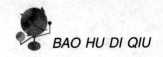

现在都提倡使用“绿色电池”。所谓绿色电池，就是符合环保要求的电池，目前最常用的是“镍氢电池”。这是近几年发展起来的一种新型碱性蓄电池，具有能量高、有益于环境保护和寿命长等优点。由于用贮氢电极代替了传统电池中的镉电极，因此也就消除了金属镉带来的环境污染难题。镍氢电池的化学物质成分，主要由镍和稀土元素组成。而我国稀土资源十分丰富，所以开发我国无污染的“绿色电池”大有前途。

用废旧电池制作环保地图

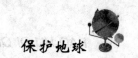

实行垃圾分类

讲环境保护，一个人最容易做到而且必须做到的是——知道手里的垃圾该怎么扔。如果大家连垃圾都不知道该怎么扔的话，美好的环境根本就没有保障。因为现在的垃圾成分复杂，有些还是有毒有害的。

我们对待手里的垃圾不能总是那么随意，不仅不应随地乱丢，即便随意扔进垃圾桶也不行，而应做好分类回收。纸、塑料、玻璃等等都要单独放。纸可以运到造纸厂，塑料等也都有把它们处理利用的工厂，而有机物可以堆肥。这样，城市里就不会再出现新的垃圾山。

垃圾分类是减少污染的重要方法

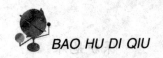

垃圾是放错了位置的资源，是终将有一天可以使用的宝贵资源，而且垃圾资源化的潜力是随着生活水平和经济的发展不断增长的。目前城市生活垃圾中约70%为厨余垃圾、果皮等有机垃圾，20%为废纸、塑料类，约4%为玻璃，剩余的为金属、布类等。其中的大部分物质都具有被资源化利用的可能，合理加以开发利用就能变废为宝。

我们每天从家里扔出的垃圾中有许多是果皮、蛋壳、菜叶、剩饭等厨房垃圾，它们可以用堆肥发酵的方法处理为有机肥料或饲料；废纸和塑料都可以重新回收利用；废电池中所含的汞、镉是污染性极强的有毒重金属，但回收后可提取稀有金属、锌、铜和二氧化锰……令人遗憾的是，垃圾分类在我们的生活中还没有充分实行。

垃圾分类，在许多国家特别是发达国家和地区都已实施，回收已是妇孺皆知的常识。在国外，居民把废纸、饮料罐、有机废物等分开送到固定地点，

在广州建成的国内最大最先进的垃圾焚烧发电厂

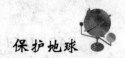

白色垃圾正在成为社会性难题

然后有人收集清理。物业管理会经常与居民沟通，比如写信告诉居民：你是这个城市的居民，你就更要爱护这里的环境；并通知大家：星期一把废纸送到哪里，星期二集中塑料类垃圾。

目前我国垃圾回收率低，自动化分拣设备少，分拣效果不理想。如果居民在日常生活中直接对垃圾进行分类，就可以大大降低这些成本，提高资源回收的价值。本来，不久前我们还沿袭着前辈传下来的对废物进行分类后卖给回收站的做法，西方人还在向我们学习，我们却把那么好的传统给丢了。

垃圾分类不是一件可做可不做的事情，而是势在必行。大家都应该从自己做起，敦促所在社区尽早建立垃圾分类体系，并且从现在开始就做些力所能及的分类工作，如将废纸板、废玻璃、废金属、废塑料等分类卖给废品回收者。

垃圾，只有在混在一起的时候才是垃圾，一旦分类回收就都是宝贝，就连那种被称为微型杀手的废电池也是可以被化害为利的。我们每个人都是垃圾的制造者，又是垃圾的受害者，我们更应是垃圾公害的治理者，我们每个人都可以通过垃圾分类来战胜垃圾公害。

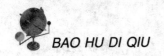

生态建筑

在人类全部能源消耗中，建筑耗能占据了 80%，而且现代建筑的发展中忽视能源消耗，比如装有玻璃幕墙表面的摩天大楼就是最典型的耗能建筑。夏季太阳辐射透过玻璃造成的室温升高完全要靠空调来降温，而冬季又透过玻璃向外界释放大量热量。生态建筑的出现正是国际建筑界对这些问题作出的积极反应。

所谓“生态建筑”，其实就是将建筑看成一个生态系统，通过设计建筑内外空间中的各种要素，使物质、能源在建筑生态系统内部有秩序地循环转换，获得一种高效、低耗、无废、无污、生态平衡的建筑环境。

玻璃幕墙是典型的耗能建筑

超高层绿色生态建筑武汉清江大厦

许多国家，特别是一些发达国家对生态建筑非常感兴趣，逐渐回归大自然，日本、荷兰、英国、美国、瑞典等纷纷开展生态建筑计划。

早在20世纪80年代的时候，美国芝加哥就建成了一座雄伟壮观的生态大楼。楼内没有砖墙，也没有板壁，而是在原来应设置墙壁的位置上移种植物，用植物墙把每个房间隔开，人们称之为“绿色墙”、“植物建筑”。人们

植物建筑

生活在这种植物建筑里，每天都树木葱郁、绿草如茵，空气清新，景色宜人，仿佛置身于美丽的大自然中。

生态建筑与人们的生活密切相关，尤其是生态住宅更是如此。生态住宅力求自然、建筑和人三者之间的和谐统一。它利用自然条件和人工手段来创造一个有利于人们健康的舒适生活环境，又要控制对自然资源的使用，实现向自然索取与回报之间的平衡。

生态住宅首先要满足的是人的生活舒适性，例如适宜的温度、湿度，充足的日照，良好的通风，以及无辐射、无污染的室内装饰材料等。其次，生态住宅还要与自然景观相融合，与大自然保持和谐的关系，尽可能减少对自然环境的负面影响，如减少有害气体、二氧化碳、固体垃圾等污染物的排放，减少对环境的破坏。

纳料技术在治理污染方面的作用

20 世纪结束前的十多年，纳米技术诞生了。纳米是十亿分之一米的长度单位。把某些物质粉碎至纳米级，用于污染治理，可以取得理想的效果。

食品、造纸、印染、农药、化工、洗涤剂等高浓度有机废水的处理一直是个难题，不是无法达标排放，就是处理成本太高，企业难以承受。而且，还存在严重的二次污染问题。现在，采用纳米二氧化钛处理这类废水就可以收到较好的效果，它可以最大限度地吸附废水中的污染物质，并利用太阳光分解污染物质。

如今，煤和石油依然是人类主要的燃料，它们都含有一定比例的硫、氮及粉尘和其他杂质，如果燃烧不完全，这些杂质就会变成对环境和人体健康非常有害的二氧化硫、氮氧化物、碳氢化合物及可吸入微粒等。在燃烧煤和

废水处理是一个现代化难题

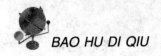

石油时添加纳米级的催化剂，不仅可以提高燃烧效率，而且可以使硫转化为固体硫化物，从而杜绝二氧化硫废气污染。在石油提炼时添加纳米脱硫催化剂，可使油品中的硫含量降低到万分之一以下。复合稀土纳米级粉末具有极强的氧化还原能力，可以彻底解决汽车尾气中的一氧化碳、碳氢化合物和氮氧化物的污染。

纳米技术还能向白色污染发起强有力的进攻。把可降解的淀粉与不可降解的塑料粉碎至纳米级后充分混合，可以制造出几乎完全降解的农用地膜、一次性餐具和各类包装材料。废弃后埋入地下，约 90 天内可以分解为二氧化碳、水和极其细微、对空气和土壤几乎无害的塑料颗粒，并在此后的一年半左右完全分解。

铅酸蓄电池是各国目前主要的动力装置之一，在交通运输、通讯设施、车辆船舶以及部队装备等等方面，广泛地使用着铅酸蓄电池。它的主要材料

纳米生活净水设备

铅酸蓄电池的污染有望依靠纳米技术解决

为铅、二氧化铅、硫酸和塑料等。在这几种材料中，任何一种废弃物都会对人类的身体健康、生存环境造成危害。现在解决这一问题的一个主要研究方向，就是利用纳米技术来彻底解决铅酸蓄电池使用寿命短、容量下降快的致命缺陷。

此外，采用纳米技术生产的新型油漆，有机溶剂使用量小，挥发极少。服装因掺入了纳米级的抗辐射物质，可以阻挡95%的紫外线和电磁波辐射。纳米二氧化钛还能用来作为空气清洁剂，不仅能杀灭细菌，而且能降解细菌死亡时分解的有毒物质，还具有除臭作用。

综上所述，把纳米材料称之为人类生存环境空间的“清洁战士”是恰如其分的。在新世纪到来之际，愿纳米技术随着时代的脚步走进工农业的各个领域，走进我们千家万户，为我们人类的身体健康，生存环境做出贡献。

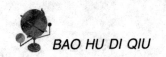

我们能为环保做些什么

世界卫生组织公布的有关资料显示：在全世界污染最严重的50个城市中，我国占了30个；在全世界污染排名前10位的城市中，我们占了一半以上。国家环保总局发布的消息称，我国环境污染恶化还在加重，仅大气污染每年就损失1100多亿元人民币。

这是一组令人心惊与心痛的数字。作为生活在这片土地上的每一个人，没有理由不为这严酷的现实而焦虑，因为这与我们现在的生活息息相关，更与我们的子孙后代能否在这片土地上继续生存下去密切相连。所以，我们要思考：从现在起，我们能为我们的社会、我们所处的城市与地区的环境保护做些什么？

饥渴的耕地

首先，要保护好我们的空气。

在城市里，空气污染物主要来自我们对化石燃料的大量燃烧、对绿地和天然植被的破坏、对挥发性化学物的滥用等。对空气的净化公认的有效办法是以下四方面结合起来：①保护天然植被和人工栽种植被，营造城市和工矿区净化空气的肺；②全社会共同努力节约能源，把对化石燃料的消耗尽量降低；③给烟囱和汽车安装烟气和尾气净化装置；④开发无污染能源（如太阳能等）和无害于健康和环境的化工产品等。

农田也需节水

其次，要保护好我们的淡水。

为保护地球上紧缺的淡水资源，国际环保城市的民众要从三方面做起：①节约用水、一水多用；②少用化学合成剂；③收集利用雨水。

“节约用水、一水多用”为的是珍惜使用淡水，同时也就减少了污水排放。在日常生活中，我们要把水龙头开得小一些，把用过但还比较干净的水留下来，擦地、冲厕所、浇花等等。这样，我们生活中消耗的淡水量就会减少，排出的污水量也会减少。

“少用化学合成剂”的目的是：①保护水体的自净功能；②防止化学剂的毒素在淡水中积累，威胁饮用水的安全。家庭使用最多的化学品主要用于厕所消毒和厨房清洁。这些化学品往往对微生物有很强的杀伤作用。它们从下水道流入河水或湖泊之中，会杀死水中的生物，使水体的自净能力丧失，水

有效地处理垃圾，可以节约大量土地

人类期待环境保护的丰硕果实

中的毒素就会积累起来。因此，在洗涤用品市场上，选用具有环保标志的清洗剂很重要。

“收集利用雨水”是主动增加淡水资源的做法。目前在欧洲的家庭节水行动中十分盛行。我们可以用雨水来浇灌花园、擦洗车辆、做清洁和冲厕所等等。这样就大大减少了家庭对可饮用水的浪费。

再次，要保护好我们的土地。

当前处理垃圾的国际潮流是动员民众尽量从三方面努力：①减少浪费；②物尽其用；③废物回收。当全社会的消费者都这样去做的话，扔掉的废物就会减少。当塑料、纸张、金属和玻璃都得到有效的回收之后，生活垃圾中剩下的主要就是可以堆肥的有机垃圾了。通过回收利用和堆肥，生活垃圾量可以减少80%～90%。由此大大降低了垃圾对土地污染的威胁。

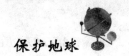

可持续发展的意义

地球本来是美好的，清澈的天空、蔚蓝的海洋、丰富多彩的动植物王国以及取之不尽的能源。但是进入20世纪以后，人类社会的文明进程给地球的自然环境带来了毁灭性的灾害。人们为了发展经济，肆无忌惮地利用大自然提供给我们的宝贵资源，丝毫没有未雨绸缪、防患于未然的意识，只求眼前的发展。于是，在社会经济飞速发展的同时，人口爆炸、环境污染、能源和粮食危机，也成为困扰人类的全球性问题。

20世纪中叶以来，资源短缺、环境污染、人口爆炸等问题日益尖锐，并成为全世界共同面临的难题。这一系列问题吸引了越来越多的研究者。1972年，一个名为“罗马俱乐部”的组织发表了题为《增长的极限》的报告。这

创造良好的环境，实现可持续发展

蔚蓝的天空

一研究报告得出结论：在未来一个世纪中，人口和经济需求的增长将导致地球资源耗竭、生态破坏和环境污染。除非人类自觉限制人口增长和工业发展，否则这一悲剧将无法避免。这篇报告发表后，立刻引起了爆炸性的反响。越来越多的人开始认真思考全球范围内的长期发展问题。

人们经过反复思考和探索，于20世纪80年代开始探讨人类社会发展的一种新思路，即可持续发展。联合国世界环境与发展委员会1987年在《我们共同的未来》报告中指出，可持续发展是指“既满足当代人的需要，又不损害后代人满足需要的能力的发展”。这一概念在

蔚蓝的海洋

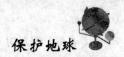

1992 年联合国环境与发展大会上得到了广泛的接受和认同。总括起来，可持续发展就是既要考虑人类当前发展的需要，又要考虑未来发展的需要，不要以牺牲后代人的利益为代价来满足当代人的利益。

水竭驼瘦——必须要发展地看问题

可持续发展是人类摆脱贫穷、人口、资源和环境困境的正确选择。为此，人类应该调整与自然的关系，充分认识到人是地球生物的成员之一。人类所需要的不是征服自然而是与自然共处、协调发展。为实现可持续发展，人类必须学会控制自己，控制人口数量，提高人口素质，建立正确的资源、环境价值观念。要改变过去那种掠夺式的、挥霍式的生产和生活方式，爱惜和保护资源及环境。也只有这样，我们的子孙后代才能继续在地球上繁衍生息。

人类的觉醒

人类早期的环境问题，主要是农业生产活动引起的自然环境的破坏。古代文明国家早已有了关于保护自然环境的法律规定。2000 多年前，我国秦朝就制定了世界上第一部环境法《田律》。《田律》规定春天不准到山林里砍伐林木，不准堵塞水道；不到夏天不准烧草作肥料，不准采挖刚发芽的植物，不准捕捉幼兽、幼鸟等等。

产业革命后，随着工业的发展，出现了大规模的工业污染。从 19 世纪中叶开始，美、英、法、日、俄等国家陆续制定了防治污染和保护自然的法规。

20 世纪 50 ~ 60 年代，环境污染、自然资源和生态平衡的破坏日益严重，甚至发展成灾难性的公害，迫使各国政府不得不认真对待并采取各种有效措施，其中包括制定一系列环境保护法规。环境法就是从这时候得到壮大发展，迅速地从传统的法律中分离出来，发展成一个独立的，内容广泛的，新的法律。

经过 10 年试行，我国于 1989 年正式颁布实施《中华人民共和国环境保护法》。

环境保护法的制定，使人们能依据法律调整同环境有关的各种社会关系，协调经济发展与环境保护，把人类活动对环境的影响限制在最小限度内，以维护生态平衡，达到人类社会与自然的协调发展。

最早提出要保护环境的是美国女生物学家雷切尔·卡森。

卡森 1907 年出生于宾夕法尼亚州一个风光秀丽的小镇，她从小就十分热爱大自然。青年时代她就读于宾夕法尼亚州州立大学。开始，她的专业是英文，大学三年级时，她选修了生物课，并对森林、海洋产野生生物产生了浓厚的兴趣，于是改学生态学，1929年，她以优异的成绩毕业，并获得生态学硕士学位。此后，她在马里兰州州立大学教授生态学，并利用暑假时间从事海洋生态的研究工作。从40年代起，卡森陆续撰写了《在海风下》《我们周围的海洋》《海洋边缘》等有关海洋和海洋生物的著作，这些著作先后出版，其中《我们周围的海洋》一书获得国家图书奖，并在短短一年时间里售出20万册。

40年代，卡森和几位同事注意到政府滥用DDT等新型杀虫剂的情况，并对此发出警告。从1955年起，她花了4年时间研究化学杀虫剂对生态环境的影响。她不辞辛劳地奔走于大面积施用过化学杀虫剂的地区，亲自观察、采样、分析，并在此基础上写成了《寂静的春天》一书。

《寂静的春天》生动地描写了人类生存环境受到严重污染的景象，阐明了人类同大气、海洋、河流、土壤、生物之间的密切关系，揭示了有机氯农药对生态环境的破坏。它告诫人们，人类的活动已污染了环境，不仅威胁着许多生物的生存，而且正在危害人类自己。书中明确提出了20世纪人类生活中的一个重要课题——环境污染。

《寂静的春天》出版后，在世界范围内引起了轰动，很快被译成多种文字出版，并在群众中产生了深远的影响。不久，环境保护运动便蓬蓬勃勃地开展起来了。

60年代初，卡森继续从事研究工作。由于劳累过度，并因长期接触化学药剂，她受到污染，患了癌症。1964年，卡森告别了人世。她把自己的一切都献给了拯救环境的事业。

国际绿十字会

国际红十字会作为全球最大的群众性的救死扶伤和社会福利团体，在国际生活中发挥着重要作用，享有崇高的声誉。

1993 年 4 月在日本东京正式成立了一个“国际绿十字会”，这是 1992 年 6 月在巴西召开的各国议会首脑环境大会上提出来的。

国际绿十字会的宗旨是：“保护自然环境，确保人类和所有生物的未来，通过一切活动促进价值的变换，以建立适当的人与人，人与自然的关系。”与国际红十字会的宗旨相对应，其职能为拯救因环境、人口问题而处于濒危状态的地球，对环境受到破坏的现场给予救援，进行日常的环境教育等。

国际绿十字会在组织上以“全球论坛”为基础，该论坛由宗教、科学、文化等各界代表和各国议员组成。在和平共处，发展经济的今天，环境保护问题日趋重要，所以国际绿十字会的成立顺应了时代的潮流，具有重大的意义。

我们只有一个地球

人类自诞生起，一切衣、食、住行及生产、生活，无不依赖于我们所生存的这个星球。地球上的大气、森林、海洋、河流、湖泊、土壤、草原、野生动植物等，组成了错综复杂而关系密切的自然生态系统，这就是人类赖以生存的基本环境。长期以来，人类把文明的进程一直滞留在对自然的征服掠夺上，似乎从未想到对哺育人类的地球给予保护和回报。在取得辉煌的文明成果的同时，人类对自然的掠夺却使得我们所生存的这个星球满目疮痍。人口增长和生产活动的增多，也对环境造成冲击，给环境带来压力。环境恶化、资源枯竭已经成为人类文明进程的巨大障碍。地球森林面积，1862 年约为 55 亿公顷（1 公顷 = 10000 平方米），到 20 世纪 70 年代末只剩下不到 26 亿公顷。由于热带雨林对调节全球气候有重要作用，大面积地砍伐，将产生严重的后果，由于不合理的耕作制度，世界上被风蚀、盐碱化的土地日益增多。据联合国有关部门估计，由于土壤遭到侵蚀，全世界每年损失 240 亿吨沃土，沙漠化土地扩大 600 万顷，如果继续按照这个速度发展下去，加上城市和交通事业的发展占用大量农田，全世界现有的耕地 20 年后将损失 1/3，世界粮食生产将受到严重威胁。另外，由于野生生物的栖息地大量消失，人类又肆意捕杀这些生物，且环境污染日益加重，世界上植物和动物的遗传资源急剧减少，这对人类将是无法弥补的损失。

无论是发达国家还是发展中国家都已认识到，环境问题严重制约着发展。不解决它，不仅人类社会的文明进程会受到影响，而且人类自身的生存也会受到严重的威胁。1992 年，在巴西的里约热内卢召开了联合国环境与发展大会。会上，全体代表为地球静默了两分钟。这两分钟的静默，代表全人类在向地球忏悔，在反省，在思索：我们只有一个地球！

我国幅员辽阔，人口众多，饮用水源问题普遍而复杂。饮用水水源的保护和污染防治直接关系到国民经济的发展和人民身体健康，控制饮用水水源污染，改善饮用水水质是举国上了普遍关心的大事。几十年来，我国在饮用水水源保护上做了许多工作。70 年代以来，各省、市、自治区陆续制定了关于饮用水水源保护的地方性法规或条例。这些法规和条例在饮用水水源保护中起到了重要作用。1984 年我国颁布了《中华人民共和国水污染防治法》，其中明确规定了保护饮用水水源的各项条款。1989 年国家环保局、卫生部、建设部、水利部、地质矿产部联合颁发《饮用水水源保护区防治管理规定》。饮用水水源的保护已经走上了法治的轨道。

各地在保护饮用水水源中对饮用水水源地的保护都有明确规定，并有具体的保护机构和保护办法。在饮用水源地里通常还划分为一级和二级保护区。一级保护区是以取水口为圆心、半径 100 米的区域，也包括陆域。二级保护区是从一级保护区的边缘开始，上游 1000 米、下游 100 米（主要指河流）。对于设置两级保护区仍然不能满足要求的，还可以设置准保护区，即以二级保护区的边缘为起点，上游 1000 米、下游 50 米的区域（主要指河流）。对各级保护区实施不同的保护要求。

在准保护区里，间接或直接向水域排放的污水，必须符合国家和地方规定的废水排放标准。当不能保证取水口的水质要求时，在该区域排放的污水也必须削减排放量。

饮用水水源地的保护可能会与局部地区的经济发展相矛盾。例如北京市曾经考虑大力发展密云水库的旅游事业，并已开始实施，经过多方面的激烈争论，最后确定密云水库为水源保护区，对旅游及水产事业作了严格限制，并颁布了北京市密云水库、怀柔水库、京密引水渠道水源保护暂行办法，对北京市的水源保护起了良好的作用。

要改善饮用水水源保护区内的水质，根本的出路在于控制和治理污染源，例如北京修建了西郊污水干线工程，把污水截住，不让污水流入水源保护区。

此外，还在水源上游修建了一批中、小型的污水处理厂，切断污水对水源的污染，构成北京上游保护饮用水源的防线。

饮用水水源保护是大家的事情，光有一两个部门很难做好这样一件重要的工作，它需要大家的努力共同完成。

英国在经历了1952年和1956年两次伦敦烟雾事件，付出了血的代价后，首先于1956年颁布了《清洁空气法令》。法令禁止伦敦市的居民、工厂和发电站燃烧煤，家庭煮饭取暖改用煤气和电，分区实施，由政府给予经济补贴。工厂和发电站也照章办理。这个办法果然生效，几年后，伦敦终于摘掉了一度被称为“黑都”的帽子，变为比较清洁的城市。香港是在1959年颁布的《清洁空气法令》的，规定了煤烟控制区；1969年又公布了《街道交通规则》，限制车辆废气的污染程度。洛杉矶市于1961年颁布了《清洁空气法令》，禁止在家庭后院焚烧垃圾，并要求所有的新工业设施设置空气污染控制设备。市政当局还建立了三级警报系统：当烟雾达到一定程度时，发出一级警报，禁止私人车辆开行，并警告工厂停工；当烟雾较严重时，发放二级警报，除救火车、救护车、警备车等执勤车辆外，禁止其他一切车辆运行；当烟雾极度严重时，拉响三级警报，宣布全市进入紧急状态。美国众、参两院于1970年正式通过《清洁空气法》，建立了国家空气质量标准及对一些新的危险污染物的排放标准。日本于1971年6月颁布《恶臭防止法》，1975年4月对排入大气的污染物开始采用总量控制。

我国第一次环境保护会议于1973年8月在北京举行，会后从中央到各地区、各有关部门，都相继建立起环境保护机构，制定各种规章制度，加强对环境的管理。1974年成立国务院环境保护领导小组。中国第一部关于保护环境和自然资源、防治污染和其他公害的综合性法律——《中华人民共和国环境保护法（试行）》在1979年9月13日的五届人大常委会上通过，同日公布施行。《环境保护法》在第三章中明确规定，在大气污染方面要求“一切排烟装置、工业窑炉、机动车辆、船舶等，都要采取有效的消烟除尘措施，有害气体的排放，必须符合国家规定的标准”。该法还规定了奖惩条例，凡对污染和破坏环境、危害人民健康的单位可予以批评、警告、罚款、或责令赔偿损失、停产治理。严重污染和破坏环境，引起人员伤亡或者造成重大损失者，应承担行政责任、经济责任，直至刑事责任。《环境保护法》已于1989年正颁布实。

环境保护是我国的一项基本国策。它关系到我们国家和社会的发展，关系到四个现代化建设的成败，关系到当代人的切身利益和子孙后代的利益，具有深远的意义。它是一项长期的任务，决不是权宜之计。保护环境，合理使用自然资源，防止污染和公害是一个战略问题。由于它涉及面广，影响深远，所以环境保护应该作为我们国家一项基本国策。

许多城市都建有纪念碑。有的是伟人，有的是英雄，也有的是传说里的形象。丹麦首都哥本哈根的美人鱼雕像，就是根据安徒生的童话《海的女儿》的主人公塑造的；澳大利亚昆士兰州有一座特殊的纪念碑，纪念碑塑造的是一条毛毛虫。为什么把毛毛虫当作纪念碑的主人公呢？原来这里有一段自然保护的故事：

大约在1787年，一位英国船长把许多种仙人掌带进了澳大利亚，企图用仙人掌来培养一种可作染料的胭脂虫。没想到，有一些仙人掌从种植园里漏了出来。仙人掌在野外生长、繁殖。由于澳大利亚土地上没有天然控制仙人掌的因素，仙人掌很快蔓延开来。很多年后，大批草原变成了只长仙人掌的荒原，既不能放牧，又不能居住。怎么办呢？1920年，澳大利亚派了几位昆虫专家到仙人掌原产地的美洲去寻找当地仙人掌的天敌。经过调查研究试验，他们终于找到了一种蛾子，并引进了澳大利亚。这种蛾子的幼虫毛毛虫专啃仙人掌，而且仙人掌越多，它们的食物越多，繁殖也越快，经过7年时间，终于把最后一批仙人掌也消灭了。昆士兰人民为了表彰毛毛虫的功劳，为它建立了这个特殊的纪念碑。

还是在澳大利亚。好多人知道，澳洲的羊毛和牛肉是世界闻名的。但澳洲本地原来并没有牛羊。由于澳大利亚在很早的地质年代就与亚洲大陆分开了，所以澳洲本土上只有一些比较原始的动物，像袋鼠、鸭嘴兽等。与此相应的是它们有自己特有的食物链。后来殖民主义者到了澳洲，发现那里草原广大，牧草茂盛，是发展畜牧业的好地方，就从欧洲把牛羊引进了澳洲。牛羊在澳洲长得非常好，发展得非常快。但是，随即问题也出来了，那就是该怎样处理大量的牛、羊粪。在牛、羊原产地，它们有自己完整的食物链，牛、羊拉出来的粪，被一种叫做蜣螂的昆虫清理掉。蜣螂又叫屎壳郎，是一种甲虫。它们有灵敏的嗅觉，能很快找到粪土，然后用头切用脚搓，把粪土做成一个个粪球，滚到地下当作食物。它们是牛、羊粪的分解者。屎壳郎有了食物，牛、羊粪又得到了清除，因此在牛、羊原产地不存在牛、羊粪的清理问题。可是，人们在把牛、羊引到澳洲时却忽略了把蜣螂也一起带去，而澳洲本地的蜣螂只吃袋鼠粪，不吃牛、羊粪。这样，大量的牛、羊粪拉在草原上得不到分解，在干旱条件下，风干硬化，压住了牧草，使草原出现一块块秃斑。被牛、羊粪覆盖毁坏的草原竟达到了三亿多亩，严重影响了澳大利亚畜牧业的发展。不仅如此，大量的牛、羊粪还造成了环境污染。成亿亩草原上没分解的牛、羊粪招来了苍蝇在上面产卵、繁殖。一时间，苍蝇铺天盖地，不仅在草原，还飞到了城市。有一次一位生态学家到那里考察，看到首都堪培拉的交通警察的手不断在脸前摆动，开始还以为是一种礼节，后来才知道他们是在驱赶脸前的苍蝇。

这一回澳大利亚的政府有了经验。他们派了好多科学家到牛、羊的原产地，引进了各种蜣螂，经过观察对比，从中选育了几种，每年在300个点上放养500万只。经过几年努力，他们终于解决了牛、羊粪问题，挽救了澳大利亚的畜牧业，也解决了那里的环境问题。这些入选的蜣螂中，我国黄牛产区的“神农蜣螂”以其茁壮有力、“工作勤奋”立了大功。看来以后还应该为我国援澳的屎壳郎再立一个纪念碑。

这两个例子说明，掌握了科学、运用食物链的规律，就能很好地解决一些生产和环境的问题。

还有两个相类似的例子。一个是韩国的牛蛙，一个是我国广东的蜗牛。牛蛙是一种大型蛙类，原产古巴，可以人工饲养，长得快，肉味美。用人工饲养的牛蛙来代替从田间捕捉青蛙，可以保护我们的庄稼。因此我国从60年代开始从古巴引进牛蛙。我国的邻国韩国本土不产牛蛙，也从国外引进饲养，以改善居民的食谱。蜗牛本是国外的一道名菜，它的学名叫福寿螺，是一种大型的软体动物，以吃植物的叶为主。改革开放以来，我国广东首先引进饲养，供应高级餐厅。作为农村一种副业，饲养蜗牛发展很快。韩国引进牛蛙，广东引进蜗牛，本来都是好事，却因为不注意，失去控制，让部分牛蛙、蜗牛逃出了饲养池。于是牛蛙在韩国农田里大吃起本地的小蛙，福寿螺到菜地大啃珍贵的细菜。本来是作为发展经济，改善生活的举措，却一下成了破坏环境、打乱当地生态平衡的事故，以致当地政府不得不采取紧急措施来挽救。从以上的例子可以看到，是否掌握科学，对生产、对环境是多么重要。

除了学习科学知识，重要的是实践。因此，我们应该积极参加有关保护环境、爱护生物的活动。现在许多城市都有自己的市花市树，规定了本省本市的植树节、爱鸟周、野生动物日，每年联合国还提出“XX年”以及各种环境方面的活动日，如国际海洋年（1998）、世界地球日（4月22日）、世界环境日（6月5日）、世界人口日（7月11日）、世界动物日（10月4日）、世界粮食日（10月16日）、国际生物多样性日（12月29日）等，我们可以围绕着开展一些活动。电视台播放《动物世界》、《人与自然》等节目，全国还有青少年生物百项活动、生物小论文等青少年科技项目。这些活动都给青少年的参与提供了良好的条件。我们参加这些活动，不仅能学到好多生动有趣的知识，而且还可以通过我们的宣传活动，向广大群众普及环保知识，使全国人民都来关心生物、关心环境。在活动中，有兴趣的同学还可以对几个环境问题进行调查研究。可不要小看我们的力量。据笔者了解，许多青少年学生的环保小论文都对环保专业工作人员有重要的参考，得到有关领导的肯定。北京市有两位初三学生对北京市的废纸处理问题作了长达一年的调查。他们定期访问居民，统计家庭垃圾中废纸的比例，又走访专家，亲自动手试验。最后，他们发现北京平均废纸回收率只有20%，也就是说每5张纸就有4张被作为垃圾扔掉了；在家庭垃圾中，废纸比例达到46%，最高达到68%；北京市日产垃圾近万吨，其中废纸数量不少（因为家庭垃圾只占垃圾中的一部分），都白白被填埋掉。每回收一吨废纸可以节约原木0.7吨、煤0.4吨、水300吨。他们又分析了废纸回收难的原因，提出许多可行的建议，如节约纸张、重复利用纸张、用纸制品代替塑料制品，建议中小学生爱护课本，把用完的课本传给下一年级的同学（这在有些西方国家早已推行）或支援贫困地区的小伙伴等。两位同学的调查和建议得到了北京市领导的重视。类似这样的事就发生在我们身边。如果我们也来作一些调查、研究、分析，不也可以为改善环境、节约资源作出我们的贡献吗？

因此，保护环境、保护生物多样性、保护我们的家园，人人有责，人人都可以做。

第二次世界大战结束后，西方各国为追求经济发展，采用“高投入”的方式，形成了“增长热”。经济的发展把一个受战争创伤的世界，在短短的二三十年里推向一个崭新的高度发展的电子时代，创造了前所未有的经济奇迹。但是，经济赖以生存的环境却不断遭到破坏和践踏，因环境污染而造成的公害事件连续不断地发生，范围和规模不断扩大，痛苦的阴影使人们陷入了生存危机之中。为了保护自身的安全和健康，人们开展了反对公害的环境保护运动。随着环境保护运动的深入，环境问题逐渐成为重大社会问题，环境保护进入了国际社会生活。

1972年6月5日，世界上113个国家的1300多名代表云集瑞典首都斯德哥尔摩，参加联合国在这里召开的第一次人类环境会议，共同讨论人类面临的环境问题。大会通过了著名的《人类环境宣言》。它向全世界所有人发出郑重告诫：“如果人类继续增殖人口、掠夺式地开发自然资源、肆意污染和破坏环境，人类赖以生存的地球必将出现资源匮乏、污染泛滥、生态破坏的灾难。”它呼吁各国政府和人民，为保护和改善人类环境、造福全体人民、造福后代而共同努力。

联合国人类环境会议和《人类环境宣言》都已载入人类发展的史册，它是人类采取共同行动保护地球环境的起步。在这次会议上，世界各国政府首次共同讨论当代环境问题、探讨保护全球的环境战略。尽管各国位于不同地区，有着不同的社会制度，发展的程度也各不相同，但这些国家的政府，在“只有一个地球”的警钟声中，逐步取得这样的共识：人类的命运与地球的命运息息相关；环境污染没有国界；维护全球环境，必须进行长期的、广泛的国际合作；如果人类社会的盲目、畸形发展得不到控制，那么自然界就将控制它，而且会更加残酷；保护环境，就是保护人类生存，事关人类社会的发展和未来，只有共同关心，才能一齐发展，才有美好的前景。

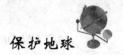

“地球日”的诞生

在 20 世纪 50 ~ 60 年代，西方的一些工业发达的国家频频发生公害事件，震惊了全世界。越来越多的人感到生活在一个缺乏安全的环境中。

1962 年，美国女生物学家雷切尔·卡森出版了一本书名叫《寂静的春天》。卡森在书中描述了因有机氯农药污染带来的严重危害，并指出有机氯农药不仅危及许多生物的生存，而且正危害着人类自己。这本书很快被译成许多种文字出版，产生了广泛的影响。它促使人们觉醒，掀起了反污染、反公害的“环境保护运动”。

1970 年 4 月 22 日，在一些国会议员、社会名流和环境保护工作者的组织带领下，美国 1 万所中小学、200 所高等学校以及全国各大团体共 2000 万人，举行了声势浩大的集会、游行等宣传活动，要求政府采取措施保护环境。这项活动的影响迅速扩大到全球，4 月 22 日于是成了世界环境保护史上的重要一天——“地球日”。

这项“地球日”活动的发起人是美国民主党参议员尼尔逊。早在 60 年代初，他就为环境问题在美国政治中毫无地位而不安，当时总统、国会、企业乃至媒体都对这一关系到未来的问题漠不关心。怎么办？1963 年，他终于说服前肯尼迪总统进行一次国内的巡回演讲，把环境的恶化程度公之于众，以便引起美国公众对环境问题的关注和重视。但是由于种种原因，这项活动没有收到预期的效果。

1969年夏天，尼尔逊又提议在全美各大学的校园里举办环境保护问题演讲会，并马上成立组织，研究计划。当时才25岁的哈佛大学法学院学生海斯立即响应。他会见尼尔逊，并决定暂时休学，全身心地投入环保活动。

不久，海斯又把尼尔逊的构想扩大，策划举办一个在全美国各地展开的社区性活动。尼尔逊采纳了海斯的建议，为了错开期末考试，他提议以次年的4月22日为“地球日”，在全美开展大规模群众性的环境保护活动。1969年9月，他在西雅图的一次演讲中宣布了这项计划。尽管他们事先已经作了充分的估计，可是全美公众对于这项活动所表现出来的热情支持和强烈反响，仍然使他们大为吃惊，且备受鼓舞。

第一次“地球日”活动取得了极大的成功，它有力地推动了美国乃至世界环保事业的发展。在随后的几年时间里，美国国会先后通过了28个有关环境保护的重要法案，并于第二年成立了国家环保局。在国际上，“地球日”活动促使联合国于1972年召开了第一次人类环境会议，并成立了环境规划署。

以后每年都有“地球日”活动。1990年4月22日“地球日”20周年之际，全世界有140个国家的2亿人参加了形式多样的“地球日”活动：缅甸人举行反对屠杀大象抗议活动；巴西人到亚马逊河地区植树；英国伦敦的活动组织者鼓励顾客把商品上不必要的包装取下来还给商店；日本人举行近百项清理环境的活动；巴黎的环保极分子这一天骑着自行车或踩着旱冰鞋上街。最积极的当然是美国人：华盛顿安排“能源效率日”、“再循环日”、“节水日”、替代运输日”等多种环保活动日；马里兰州组织志愿者清扫公路和参加植树；弗吉尼亚州举办“地球日音乐节”；加利福尼亚州小学生往田间释放瓢虫，以代替农药以虫治虫；巴尔的摩市的儿童穿着用再生布做成的服装参加游行……

世界上的第一个地球日是1970年4月22日。美国著名大学——哈佛大学，有一个名叫丹尼海斯的学生，在这一天发起并组织了保护环境的活动，得到了美国社会的广泛支持。全美有2000多万人，约1万所中小学，2000所高等院校和全国的各大团体参加了这次活动。他们举行集会、游行和其他多种形式的宣传活动。高举着受污染的地球模型、巨幅图画和图表，高呼口号，要求政府采取措施保护环境和资源。为此，美国国会也在这一天休会，使议员们能回到各自的代表区参加宣讲会。全美三大商业电视网和公共广播系统对活动的情况作了报道，这是人类有史以来，第一次规模宏大的群众性环境保护运动，它有力地推动了世界范围内的资源和环境保护事业的发展。

1972 年联合国人类环境会议在斯德哥尔摩召开，1973 年联合国环境规划署的成立，国际性环境组织——绿色和平组织的创办，以及保护环境的政府机构和组织在世界范围内的不断增加，都说明“地球日”起了重要的作用。因此，“地球日”也就成了全球性的活动。在 1990 年 4 月 20 日“地球日”20 周年之际，中国总理李鹏发表了电视讲话，支持“地球日”的活动。从此，中国每年都进行“地球日”的纪念宣传活动，目的在于提高全社会保护环境、珍惜资源的意识，让人们认识到保护环境、珍惜资源，就是要保护我们人类赖以生存的地球！

“世界环境日”诞生

1972年6月5日，在瑞典斯德哥尔摩召开了联合国人类与环境会议，会议提出了一个响彻世界的口号：“只有一个地球”。还发表了著名的《人类环境宣言》。《人类环境宣言》提出7个共同观点和26项共同原则，引导和鼓励全世界人民保护和改善人类环境。《人类环境宣言》规定了人类对环境的权利和义务，呼吁“为了这一代和将来的世世代代而保护和改善环境，已经成为人类一个紧迫的目标”，“这个目标将同争取和平和世界的经济与社会发展这两个，既定的基本目标共同和协调地实现”，“各国政府和人民为维护和改善人类环境，造福全体人民和后代而努力”。会议提出建议，将这次大会的开幕日定为“世界环境日”。

1972年10月，第27届联合国大会通过了联合国人类环境会议上提出的建议，规定每年的6月5日为“世界环境日”，让世界各国人民永远纪念它，并要求各国政府在每年的这一天开展各种活动，提醒全世界注意全球环境状况和人类活动对环境的危害，强调保护和改善人类环境的重要性。

“世界环境日”，象征着人类环境向更美好的阶段发展。它正确反映了世界各国人民对环境问题的认识和态度。

1973年1月，联合国大会根据人类环境会议的决议，成立了联合国环境规划署，设立环境规划理事会和环境基金。

联合国环境规划署每年6月5日举行“世界环境日”纪念活动，发表“环境现状的年度报告书”及表彰“全球保护环境500佳”。每年的世界环境日都有一个主题。这些主题的制定，基本反映了当年世界主要的环境问题及环境热点，很有针对性。已提出的“世界环境日”主题有：“警惕，全球变暖”、“只有一个地球”、“为了地球上的生命“、“拯救地球就是拯救未来”等。

多年来，许多国家、团体和人民群众在“世界环境日”这一天开展各种活动，宣传保护和改善人类环境的重要性。“世界环境日”已成为地球人共同的节日。

地球节日

最著名的环境保护纪念日是“地球日”和“世界环境日”此外，一些国际组织还为地球确定了另一些节日，目的也是号召大家都来保护地球。例如：

3 月 21 日是“世界森林日”。许多国家根据本国的特定环境和需求，又确定了自己的植树节，例如我国将 3 月 12 日定为植树节。

每年的 3 月 23 日是“世界气象日”，制定这个节日的目的是让世界各国人民都认识到大气是人类的共有资源，保护大气资源需要全人类的共同努力。

1994 年 12 月，联合国第 49 届大会决定将每年的 6 月 17 日定为“世界防治荒漠化和干旱日”，呼吁各国政府重视土地沙化这个日益严重的全球性环境问题。

1987 年 7 月 11 日是地球上第 50 亿个人出生的日子，联合国于 1990 年决定将每年的 7 月 11 日定为“世界人口日”，期望以此引起世界各国对人口问题的重视，采取措施控制世界人口。

9 月 16 日是“国际保护臭氧层日”，这个节日是纪念《关于消耗臭氧层物质的蒙特利议定书》的签订，要求所有缔约国家根据规定目标采取具体行动来纪念这一特殊日子。

第 20 届联合国粮农组织将每年的 10 月 16 日定为“世界粮食日”，要求该组织的成员国举行相关活动，以唤起世界对发展粮食和农业生产的重视。

《生物多样性公约》是 1993 年 12 月 29 日起生效的，于是第二年联合国大会宣布 12 月 29 日为“国际生物多样性日”。

1992 年 11 月 18 日，全世界有 1575 名科学家（其中 99 人为诺贝尔奖获得者）就环境问题向世人发出警告：扭转人类遭受巨大不幸和地球发生突变的趋势，只剩下不过几十年时间了。他们还起草了一份文件——《世界科学家对人类的警告》，文件开头就：“人类和自然界正走上一条相互抵触的道路。”这份文件将臭氧层变薄、空气污染、水资源浪费、海洋毒化、农田破坏、动植物物种减少及人口增长列为最严重的危险。事实上，这些因素已危及地球上的生命。

环境科学工作者把地球上的环境污染问题概括为八大要素：（1）酸雨。它破坏植物气孔，使植物丧失均衡的光合作用，它还使江湖里的水质酸化。（2）空气中二氧化碳浓度增加，致使地球的气温上升，自然生态失衡。（3）大气臭氧层被破坏，使太阳光中的紫外线对地球生命构成威胁。（4）化学公害，全世界已经商品化的化学物质有67万种，其中有害的化学物质为1.5万种，每年有50万人因使用不注意或废弃物处理不当引起中毒。（5）水质污染。世界每年有2500万人因水污染而死亡，约有10亿人喝不到洁净的水。（6）土地沙漠化。因森林的毁灭、过度放牧和耕作，土地不断碱化沙化，全球每年约有700万公顷的土地变为沙漠。（7）热带雨不断减少。由于乱砍滥伐、自然与人为的火灾等因素，地球上每年约有1700万公顷热带雨林被毁，约占地球总面积的0.9%。（8）核威胁。1991年，全球有26个国家的423座核电站在运行，到20世纪末，又增加100多座。核废料丢向大海，已经直接威胁到海洋渔场。地球上还5万枚核弹头遍布世界各地，随时威胁着人类的和平与生存。

由此可见，促使地球“衰老”，危及地球生命的因素，均来自人类对环境的破坏行为。难怪在联合国召开的环境与发展大会的开幕式上，加利秘书长建议全体代表肃立，为地球静默两分钟。这两分钟的静默，代表全人类在忏悔，在反省，在思索：我们只有一个地球，人类的未来取决于我们今天的抉择。

人类所作的违背自然规律的事太多了，也因此受到了严厉的报复。正所谓是，顺规律者福，逆规律者祸。

这一点其实早在2200多年前，中国伟大的思想家荀况就有过精辟的阐述。他指出：“天行有常，不为尧存，不为桀亡。应之以治则吉；应之以乱则凶。”这一观点提出了要正确处理利用自然和保护自然的关系，人类的活动不应违反事物发展的客观规律，更不能将人类自身的意识强加上去。古人尚且能看到这一点，何况高科技时代的地球村民呢？

人类的文明进程不会倒退回茹毛饮血的时代。但是人类的“文明”如以自然环境的破坏为代价，那么大自然将真的会剥夺人类生存的权利。我们只有一个地球，只有一个家。让人类携手挽臂，共同建设家园，迈向灿烂、祥和的21世纪吧！

让地球告诉人类

大自然是最美好的。在这大自然的环境中，绿草如茵，山清水秀，鸟语花香。在草地、湖泊、山峦和森林里，到处生活着虎、豹、鹿、鹤、貂等珍禽异兽。人与自然之间，体现着和谐统一。现在随着人口的急剧增加和经济的迅速发展，特别是由于人类愚昧无知的破坏行为，使这片土地上开始出现了草原退化、森林锐减、珍禽异兽敛迹等生态危机。生灵减少了，草地寂寞了，山河失色了！

哪里有人为的破坏，哪里有污染，哪里就绿草变色，哪里就森林枯萎，哪里就失去了或即将失去珍禽异兽的踪迹，而代替它们的将是适应性最强的老鼠、害虫，或者是看不到生命的荒漠。

在人类共同生存的这个地球上，常常出现一些令人惊奇的现象：人们自己制造的烟雾，最后毒害了人们自己；人们自己发明的先进技术，到头来破坏了人们生存的环境；人们辛勤劳动开垦出了荒地，却又给人们带来风沙和洪水！到底是地球的过错还是人类的过错!?

18 世纪以来，人们形成了一种观念：人类是大自然的主宰，只要征服了自然，就有取之不尽、用之不竭的资源，就可享受无穷的荣华富贵！不过，事实正像法国启蒙思想家卢梭所言，“人是生而自由的，却又无时不在枷锁之中”。

人类在创造文明的同时，又在破坏文明。自 18 世纪工业革命以来，人类认识自然、改造自然的能力剧增，社会生产力迅速提高，物质财富大大增加，人类文明日益繁荣。然而，回首往事，人们痛心地发现，在创造现代文明的同时，人类过度地消耗了自然资源，严重地污染了自然环境，破坏了自然界的生态平衡。人类赖以生存的地球，被弄得满目疮痍！照此发展，我们就会断子孙之路，造万代之孽！

那么，人类还要不要继续开发自然、创造新的文明？毛泽东说得好，“人类总是不断发展的，自然界也总是不断发展的，永远不会停止在一个水平上。因此，人类总得不断总结经验，有所发现，有所发明，有所创造，有所前进。停止的论点，悲观的论点，无所作为和骄傲自满的论点，都是错误的”。

在反复实践的过程中，人类终于摸索出一条：可持续发展之路。现在，“可持续发展”一词已经风靡全球。有的人把它称为“道路”，有的人把它称为“战略”，有的人则把它称为“模式”。道路也好，战略也好，模式也罢，它向人们表达了这样的内涵：人类的发展，既要满足当代需要，又不损害后代满足他们的需求能力。

为了不断子孙之路，保护好环境，保护好地球，1992 年 6 月在巴西的里约热内卢举行了人类有史以来规模最大的会议——“联合国环境与发展大会”，183 个国家和 70 个国际组织的代表参加了会议。中国政府总理李鹏率团参加。会议以“可持续发展”为中心议题，通过了《关于环境与发展的里约热内卢宣言》，制定了《21 世纪议程》。这为唤起世界各国公民的环境意识，起到了巨大的宣传、鼓动和激励作用。为了响应联合国的倡议，唤起中华人民共和国 12 亿人的环境意识，中国政府制定并实施了《中国 21 世纪议程》。国家主席江泽民多次强调：我们决不能吃祖宗饭，断子孙路，走先污染、后治理的老路。全国人大八届四次会议上，12 亿人口的代表，一致通过了《国民经济和社会发展“九五”计划和 2010 年远景目标纲要》，提出一定要合理开发和利用自然资源，保护环境，保护地球，走可持续发展的道路。

地球会议

1992 年 6 月 3 日至 6 月 14 日，170 多个国家代表，其中有 100 多个国家元首或政府首脑，从日理万机中拍身聚集在巴西的里约热内卢，参加联合国环境与发展大会（又称地球会又）。这充分说明人类对环境的高度重视。人们普遍认为：未来的最大威胁是来自环境的灾难。

最近环保专家指出比较集中的环境问题有：

（1）沙漠化日趋严重。每年有 60 万平方千米农田沙漠化，世界荒漠面积几达陆地面积的 20%。

（2）森林遭到严重破坏。每年有 15 万平方千米的森林消失，世界森林覆盖率从 66.7% 降低到目前的 22%。

（3）动物生存环境恶劣。目前已知物种有 500 多万种，但到本世纪末约有 20% 可能绝种，比自然灭绝速度快 1000 倍。

（4）世界人口急剧增长。1830 年到 1930 年，100 年人口增长 10 亿；1930 年到 1962 年，32 年人口增长 10 亿；1962 年到 1975 年，13 年人口增长 10 亿；1975 年到 1987 年，12 年人口增长 10 亿。

（5）水资源极度贫乏。由于水资源时空分配不平衡和现代人的污染造成的“水荒”，使世界上 70% 以上的地区和居民遭难。

（6）环境恶化日趋严重。各种污染使全世界出现数以千万计的环境难民，造成每分钟都有几十人死亡。

人类只有一个地球已成共识，召开地球会议，采取各种环保措施就势在必行了。

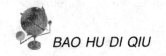

环境监测管理

环境监测管理是对环境监测整个过程进行的全面管理，内容包括：监测样品管理、监测方法管理、监测数据管理和监测网络管理。其目的是进一步确保环境监测为环境管理提供及时、准确、可靠的决策依据。

环境监测是间断或连续地测定环境中污染物的种类、数量和浓度，观察、分析其变化和对环境影响的过程。根据我国《全国环境监测管理条例》的规定，环境监测的主要任务是：对环境中各项要素进行经常性监测，掌握和评价环境质量状况及发展趋势；对各有关单位排放污染物的情况进行监视性监测；为政府有关部门执行各项环境法规、标准，全面开发环境管理工作提供准确、可靠的监测数据和资料。环境监测是环境保护的基础，是环境管理执法体系的重要组成部分，被喻为“环保战线的耳目和哨兵”、“定量管理的尺子”。没有环境监测，环境管理只能是盲目的，科学化、定量化的环境管理便是一句空话。

环境监测管理是确保环境监测高质量、高效率地为环境管理服务的根本措施。正因为环境监测对环境管理具有非常重要的作用，所以必须对环境监测进行科学管理，以保证环境监测为环境管理提供优质高效的服务。

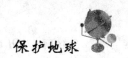

自然保护区

自然保护区是国家加以特殊保护、具有典型意义的自然景观地域，诸如丰富的物种资源和珍稀动植物分布区、重要的风景区、名川大江的水源涵养区、具有特殊意义的地质剖面和自然遗迹以及一些人所尚未认识的、在探索自然中有特殊意义的自然区域等。

自然保护区保存了完整的未受污染的生态系统，为人类提供了自然环境的天然“本底”，以衡量人类活动对自然影响的优劣，改进开发方式。自然保护区是生物物种的：贮存库”，保存和拯救了一大批濒危动植物，也为人类发展所需要的能源、食物、原料、药品提供了丰富的来源。自然保护区还是进行自然保护研究的“天然实验室”，为研究生态和环境变化的规律以及珍稀物种的繁殖驯化，提供了特别有利的条件。自然保护区也是向人们进行自然保护教育的“活的自然博物馆”。某些自然保护区还为旅游提供了一定条件。

20 世纪 20 年代以来，由于自然资源破坏和环境污染日益严重，自然保护区作为保存自然生态和使野生动植物免遭灭绝的主要手段，得到迅速发展。美、英、日、德等国自然保护区的面积已占到国土的 10% 以上。目前，我国已建立自然保护区 600 多个，面积超过国土的 3%，预计 2000 年将达到 6%。

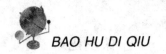

生态效率

研究发现，食物链有一个奇特现象，就是它的营养级一般不超过 4 级（极个别的有 5 级）。原来生物之间能量转化效率，即生态效率很低，平均起来只有 1/10 左右。假如在一个池塘中，要有 1000 千克的浮游植物才能维持 100 千克浮游动物生活，而 100 千克浮游动物才够 10 千克鱼的食料，这 10 千克鱼大概只能使一个正在长身体的青年人增加 1 千克体重。

在生态系统中，能量沿着营养级单向流动，前一个营养级的能量大部分要维持自身的新陈代谢，只有少部分转化为蛋白质、脂肪、糖等以满足下一个营养级生物的需要。例如，一只吃草的野鼠，只要在几平方米的空间内就可以找到足够的食物来维持生长发育，但是以野鼠和其他小动物为食的老鹰，它们不得不花费大量能量用于飞翔，在方圆几十里范围内捕捉猎物。伴随着能量的递减，生物的个体数目也急剧减少。

生态效率的特点说明食用植物比食用肉类更经济有利。目前地球上人口已突破 60 亿，有限的土地要养活更多的人，一方面要设法提高生态效率，一方面要充分利用低营养级的食物，如大力开发食用菌生产、单细胞蛋白、藻类蛋白、种子蛋白等，以解决许多发展中国家面临的粮食危机。

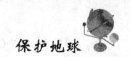

保护野生生物

野生动物和植物是陆生生态系统的主要组成要素，其中尤以森林生态系统占有重要地位。动植物间存在相互依赖、相互制约的作用，野生植物为动物提供了栖息场所。例如，由于箭竹的成片死亡，给大熊猫带来了极大的灾难，威胁着它们的生存；野生动物中有很多都是害虫害兽的天敌。燕子；蝙蝠在空中啄食各种害虫；啄木鸟能啄食树干里的害虫，被称为森林卫士；猫头鹰、老鹰能捕食田间的啮齿类害兽，堪称农家良友；蛙和蟾蜍能捕食危害稻麦的害虫，被誉为农业上的功臣。

据报道，在我国鼠害猖獗时期，鼠类数量达 30 亿只，一年可吃掉粮食 250 亿千克，超过我国每年进口粮食的总量，年经济损失达 100 多亿元。而一只狐狸一昼夜可以吃掉 20 只老鼠。一只猫头鹰一个夏天可消灭 1000 只田鼠。青蛙的食物 80% 是昆虫。一只灰喜鹊一年可以吃掉 15000 条松毛虫。但是；人们往往更多地重视野生生物的经济价值，而较少地注意到它们的生态效益。如森林生态系统除了能直接提供木材外，更具有涵养水源、保持水土、改良土壤、防风固沙、调节气候、防治污染、美化环境等多种生态效应。所以，野生生物是人类宝贵的财富，我们既要合理开发利用，又要全面规划，保护和发展它们，为人类创造更多的财富。

保护生物的多样性

1992 年 6 月 3 日至 14 日．在巴西里约热内卢举行的联合国环境与发展大会上，正式签署了一个《生物多样性公约》。公约一开头就提出：意识到生物多样性的内在价值，和生物多样性及其组成部分的生态、遗传、社会、经济、科学、教育、文化、娱乐和美学价值，还意识到生物多样性对进行和保持生物圈的生命维持系统的重要性，确认生物多样性的保护是全人类共同关切的事业。

保护生物多样性的基本要求是，就地保护生态系统和自然环境，维持恢复物种在其自然环境中有生存力的群体。目的在于保护和合理利用生物资源。

生物多样性是大自然赋予人类的宝贵财富。许多农作物都是人类对生物千百年筛选、培育的成果。而杂交种可以从其野生近亲中吸取新的基因，以保持和提高它们的优良性能。70 年代起，科学家开始在野生昆虫中寻找和繁育害虫的天敌，以期“以虫治虫”。越来越多的生物物种被发现可用来治疗人类的各种疾病。此外，许多野生生物在工业上具有各种新用途，如大戟属不仅是提炼橡胶的原料，而且还可以用来生产人造石油。

我国的生物多样性居世界第八位，生物资源极为丰富，蕴藏着巨大的经济和科学价值。我国在拯救濒危野生生物方面作出了巨大贡献，60 多种濒危珍稀野生动物人工繁殖成功。但我国在保护和合理利用生物多样性方面还需继续努力。

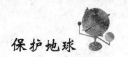

环境的自净作用

环境的自净作用，是环境的一种重要功能。受污染的环境，经过一些自然过程及在生物参与下，都具有恢复原来状态的能力。为什么环境会有这种自净作用呢?

进入大气的污染物，经过自然条件下的物理和化学作用，或是向广阔的空间扩散、稀释使其浓度大幅度下降；或是受重为作用及雨水冲刷，使较重的颗粒沉降到地面上来；或是在光的照射和其他物质的参与下发生分解等，都会使空气得到净化。

而当污染物进入水体，其中可溶性或悬浮性固体微料，在水体流动中得到扩散、稀释，其他固体颗粒在重力影响下逐渐沉淀排出，使水中污染物浓度降低；也可以通过生物活动，尤其是微生物作用，分解有机物而降低污染物的浓度；另外，由于发生氧化、还原、吸附、凝聚等化学作用，使污染物形态、性质发生变化，从而降低了这种污染物的浓度。

通过上述这些过程，环境就可以达到自净。然而，自净能力是有限的，当污染物量超过环境自净能力时，就出现了环境污染。

人与生物圈计划

如果把地球比作一个梨子，那么地球上所有的生命，只是生活在像梨皮那样薄的地球表层。因为地球只有表层上才有空气、水、土壤，才能够维持生命的存在。人们把有生物生活的地球表层，称为生物圈。

“人与生物圈计划”是联合国教科文组织于1971年实施的一项国际性、政府间计划。它的主要目的是为协调人与环境的关系，为合理而持久地利用自然资源，提倡多学科的综合研究，并强调决策者、科学家和当地居民之间的密切配合。

“人与生物圈计划”具有14个研究项目，由“人与生物圈”国际协调理事会负责协调国际性合作，促进世界性生物圈保护网的建立，组织研究成果和情报资料的交流，举办各种学术讨论会和培训班等。目前已有100多个国家的10000多名科学家参加这一计划，全世界生物圈保护区已发展到200多个，形成了全球性的生物圈保护网。

我国于1971年就参加了国际“人与生物圈计划”，并于1978年成立了“中华人民共和国人与生物圈国家委员会”。我国的长白山、卧龙、鼎湖山等自然保护区被批准加入世界生物圈保护网。

动物的变异

近年来，动物的变异现象频频发生。例如在印度洋的圣诞岛，栖息在密林深处的上亿只红蟹，突然潮水般地从林中涌出，使全岛犹如铺上了一层红地毯。岛民们惊恐万状，等到“红蟹潮”. 过后，方敢出门。在美国弗吉尼亚州到新泽西州的沿岸，曾经发生200多头海豚陈尸海滩的事件，这些海豚个个消瘦、衰弱，有的还患有肺炎，显然是一种不知名的病原体造成的。

科学家们指出，造成这类动物变异的罪魁祸首正是自诩为文明的人类。在日本，人工驯养的猿猴中不断出生畸形猿猴，原因是人工饲养的饲料都是曾被喷洒过九量农药的食物。一些国家的家猫发现有水银中毒的症状，这些家猫会像醉鬼似地步履蹒跚，或者身体突然抽搐、震颤。究其原因，是它们的主人用含有污染物质的海鱼内脏喂猫的缘故。更直接的例子是，1986年，苏联切尔诺贝尔核电站爆炸造成的核泄漏，使得附近的农场里不断出生没头没脚的牛、猪的怪胎。

人类满不在乎地污染环境，破坏生态平衡，就理所当然地要受到大自然的报复。动物的变异和绝灭清楚地向人们预示：现在发生在动物身上的事件，完全有可能在人类身上重演。从这个意义上说，保护环境，就是拯救人类。

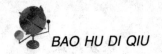

环境保护的“义务尖兵”

很多植物都具有监测大气的功能，因而被称为环境保护的“义务尖兵”，地衣就是其中之一。地衣对污染物十分敏感，被称为毒气自动检测站。

地衣又是生长在树上、石头上的一种低等植物，它是真菌和藻类的共生体。地衣具有一定形态、结构，并能产生一类叫地衣酸的化学物质，具有抗生作用。

地衣又被称为植物界拓荒的先锋，因为它分布广泛，在各种环境中都能生长，并且耐干、耐寒，为其他植物生长创造条件。在环境保护中，地衣之所以有特殊贡献，还因为空气中只要有一点有毒气体被它吸收，就会枯黄，因此成了监测空气污染的指示植物。

由于地衣生长在树皮、墙壁、岩石上，不受土壤成分和土壤污染的影响，所以对空气中的污染物发出的警报信号最准确，被誉为可靠的环境义务尖兵。

地球的“肺叶”

肺是人体的重要器官之一，一旦病变严重，即要危及人的生命，这是众所周知的。但森林对地球的作用，人们就知之不多了。人类专家说，森林是人类的摇篮；历史学家说，森林是历史盛衰的象征；，经济学家说，森林是绿色金库；物理学家说，森林是太阳能的储存器；土壤学家说，森林是土壤的保育员；水利学家说，森林是天然的储水器；生态学家说，森林是生物的制氧机；而地理学家则说，森林是地球的肺。众说纷纭。

地理学家的说法，既形象，又贴切。因为，森林具有净化空气、吸烟滞尘、涵养水源、保持水土、防风固沙、调节气候、美化环境、减弱噪声等功能。1 万平方米的森林每天能吸收二氧化碳 1000 千克，放出氧 730 千克，净化空气 1.8 亿立方米；一年可吸收 50 ~ 70 吨尘土；使阳光的有害影响缩小到 1/10，使噪声降低 26%。森林使人类有足够的氧气得以生存，因此人们称森林是地球的“肺叶”，完全是由衷之言。

不幸的是，长期以来，人类却对森林无节制地砍伐，加上战争和自然灾害，使世界森林横遭破坏，其面积由 800 万平方千米锐减为现在的 280 万平方千米。这就是说，地球的“肺叶”已被割掉了 2/3，而且森林面积目前每年正以 20 万平方千米的数量消失，这能不引起地球上居民们的高度重视吗？挽救森林，也就是挽救人类。

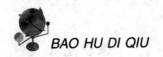

“绿色博物馆”

植物园是保存植物，特别是保存濒危植物的好地方。最小的植物园保存植物种类也不下1000种，大的都在5000种以上。长期以来由于农林的不合理垦植以及工业污染等，植被受到严重破坏，许多植物处于濒危状态。目前世界上有1.5万种植物濒临绝种，估计还有4万种植物在本世纪可能灭绝。我国被列入“濒危珍稀植物红皮书”的就有389种植物。因此植物园将成为迁移保存活植物的最有效的场所，同时人们誉之为“绿色博物馆”。

目前收集植物种类最多的是英国皇家植物园，收集植物8万种。德国柏林植物园收集1.8万余种，加拿大蒙特利尔植物园收集1.5万余种，美国阿诺德树木园收集木本植物6000余种，英国伯明翰大学植物园收集马铃薯野生科达6000余种。我国多数植物园收集有2000~3000种植物，其中上海植物园保存的植物最多，达5000多种。大多数植物园建在城市近郊，植被覆盖极高，模仿自然生态环境，所以也往往成为人们良好的旅游地。

“三北”防护林体系

“三北”防护林体系建设工程是国务院1978年决定兴建的，并把这项工程列为国家经济建设重点项目之一。中央和地方政府都拨出专款，组织2.5万多名专业人员深入实地进行考察勘测。这项工程东起黑龙江省的宾县，西至新疆的乌孜别里山口，北抵我国北部边界，南沿海河顺延到喀喇昆仑山，东西长4480千米，南北宽560~1460千米，横跨东北、华北、西北13个省（自治区、直辖市）的551个县（旗、市、区），总面积406.9万平方千米，占我国国土总面积的42.4%，故称“三北”防护林。

“三北”防护林体系建设在保护好现有森林植被的基础上，大力开展造林育林，采取人工造林、飞机播种造林、封山封沙育林育草等多种途径，有计划、有步骤地营造防风固沙林、水土保持林、牧场防护林、水源涵养林，以及薪炭林、经济林、用材林多林种相结合，实行乔木、灌木、草本植物相结合，林带、林网、片林相结合，农林牧协调发展的防护林体系。目前在于防风固沙，保持水土，涵养水源，改善生态环境，促进农林牧副业全面发展。

“三北”防护林工程的规模和速度，均超过美国“罗斯福大草原林业工程”、苏联“斯大林改造大自然计划”和北非五国的“绿色坝工程”，被国际上誉为“中国的绿色长城”、“生态工程的世界之最”。1987年被联合国环境署评为“全球环境保护500佳”之一。

森林虫害

“三北”防护林体系曾被誉为“中国的绿色长城”，然而，1993年6月我国“三北”防护林森林病虫害却以惊人的速度发展蔓延，其破坏之严重，蔓延之神速，被专家们称为“不冒烟的森林火灾”。

黄斑星天牛在陕西、甘肃、宁夏的70多个县十分猖獗，危害面积约达700平方千米，其中4000多万株杨树大多死亡，造成直接经济损失2亿多元。杨树吉丁虫在吉林省造成毁灭性灾害，全省200平方千米森林受害，仅双辽、梨树、德惠3个县，每年约有20多万株树木枯死；造成损失近200万元。松毛虫是“三北”地区分布最广、面积最大的害虫之一，年发生面积达3000多平方千米，仅此一项，年损失立木蓄积量达数十万立方米。

宁夏为了清除虫木，不得不彻底砍伐，其结果数千万株杨树被一扫而光，40年造林成果毁于一旦。据统计，全国平均每年有10万平方千米森林遭受病虫害的侵袭。如果继续发展下去，涉及半壁江山安危的防护林工程有毁于虫口的危险！

森林病虫害蔓延的原因，首先是树种单一，大面积纯林成为虫害成灾的基础；其次是对苗木、种子等检疫不严，为虫害的传播开了方便之门；第三是长期使用某种农药，既使害虫产生了抗药性，又杀伤了大量天敌，破坏了生态环境中的动态平衡。为此，专家们建议应注意人工林的生物多样性，少用农药，保护鸟类，以生态学观点来保护森林环境中的动态平衡和自动调节能力。

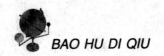

屋顶绿化

城市人口集居，道路密集，工厂林立，汽车穿梭，空气中含有相当多的尘埃、炭粒、油烟、铅和贡的粉尘以及二氧化硫、氮氧化物等有害气体，而城市可供绿化的面积相对较少，为了解决这个矛盾，要提倡屋顶绿化。

屋顶绿化就是在楼顶垫土造地，或用轻质有机肥料做生长基，适当栽培花草、小灌木或盆栽植物。特别是高级宾馆、娱乐场所和各类大厦的楼顶，开辟“空中花园”还可供人观赏，娱乐、休憩之用。

我国屋顶绿化搞得比较好的是鞍钢的联轧厂。该厂为了改善厂区环境，从1984年开始，就在厂办公楼的楼顶营造空中果园。300多盆巨峰、玫瑰、龙眼等品种的葡萄布满楼顶，盆与盆之间设有竹制棚架，建有滴灌设备。由于管理得当，年年葡萄丰收，既可招待来宾，也可使全厂职工改善生活。

发展屋顶绿化，不拘一格，除种植花草外，还可以种菜、培育药材等。有些国家还利用这块空中宝地做“菜园”，解决了部分居民的吃菜问题。

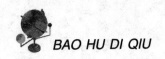

城市绿化

草往往被人们看成是有害的东西，一搞卫生就要拔草。其实，种草、培植草坪是城市绿化的重要组成部分。

在高楼林立、车如流水的城市中，开辟出一块块碧绿如茵的草坪，给人以清新凉爽之感；绿树、花坛、草坪交相辉映，不仅丰富了空间的色彩和层次，还使城市增色不少。

草还具有保护环境的功能。1 万平方米的草坪每昼夜能释放氧气 600 千克，人均 25 平方米的草坪，就能把呼出的二氧化碳基本吸收掉。草坪能净化空气，有草坪的地方空气中的细菌仅为无草木的公共场所的万分之一；粉尘含量也要比裸露的上地低 2/3。草坪通过植物叶片的蒸腾，还可以增加空气的湿度；草坪植物茂密的叶片形成松软而富有弹性的地表，能像海锦一样吸收声音。据测算，20 米宽的草坪可减弱噪声 2 分贝左右。

草坪植物种类很多，习性各异，应根据不同的要求，选择适宜当地条件的草种建造草坪。对于路边或较大院落，一时还不能种上更好的花和草时，不妨将自生自长的草地加以修整，也可以达到美化和净化环境的目的。

氧化塘

氧化塘是指有一定结构和功能的水生生态系统。进入氧化塘的有机污染物，在好氧条件下主要由好氧性细菌进行分解，形成铵、磷酸根和二氧化碳等产物。藻类通过光合作用，利用这些产物作为营养源，合成本身的机体，并释放出氧气，供好氧菌继续氧化降解有机物。在正常光照条件下，这两组生物的代谢作用相互依存，循环不断；从而使水质不断净化。在塘底层还存在厌氧细菌的作用，它们通过无氧代谢过程，将污染物分解成二氧化碳、硫化氢、沼气和有机酸等产卤。此外，悬浮体和胶状体的沉淀作用，水生植物的吸收作羽，阳光和茵藻分泌物的消毒作用等，使氧化塘对重金属污染物和细菌、病毒也有一定的去除效果。整个过程中，起决定作用的是细菌和藻类的代谢活动，这是氧化塘净化污水的生化基出。

我国的氧化塘更具有自己的特色，通常在塘中种植水生植物或放养鱼、鸭、鹅等。这个生态系统能对污水中各种污染物进行有效的净化和综合利用：增殖的藻类和细菌可作为浮游动物的饵料，浮游动物又是鱼类的饵料，水草、小鱼、小虾又成为鹅鸭的精饲料。同时，生长在塘中的水生植物还能有效地吸附和降解污水中多种污染物质，起到加速和增强净化的作用，从而使我国的氧化塘功能从单纯的处理污水，发展到处理和利用相结合，既有利于环境保护，又可获得经济和社会效益。

生态住宅

随着生态农业的兴起，一种小型的富有生机的生态单元——生态住宅已在我国各地兴起，而且有可能成为我国农村住宅建设的一种趋势。

为什么要提倡兴建生态住宅呢？因为生态住宅对解决我国人多地少、能源短缺、环境污染等问题有着现实和长远意义。浙江省永康县，近十几年来建成了一批外观新颖、各具特色的生态住宅。他们按照生态平衡的原理，将种植业、养殖业、工副业和生活用房合理地配置在一幢房内，实现住宅内的生态良性循环。如某幢生态住宅，占地111.9平方米，3层砖混结构，地下建沼气池和净水井，一楼建猪舍、泵房和工副业生产用房，二楼建厨房、卧室和卫生间，三楼为学习、娱乐和科研用房。屋顶宛如一个绿色田园，在15厘米厚的i层上种有几十种蔬菜、水果、花卉，仅两年就收获蔬菜2300多千克，柑橘250余千克。屋顶还建有水塔、鱼池和沼气液贮存池。由于屋顶被土层与绿色植物覆盖，住宅变得冬暖夏凉。

这种将生态学与建筑学相结合的住宅，充分地利用了土地、太阳能及能源的再生作用，改变了常规住宅的单一功能，实现了环境、经济和社会效益的统一。

地下开拓生存空间

城市人口的高度密集，带来了交通拥挤、环境污染、城市用地紧张、能源严重短缺等一系列问题。人们为了维护高密度的城市人口的正常生活，或者为了战备等其他需要，在不断地寻求开发空间环境的新途径。如今，人类活动领域已向立体化空间发展，除地面空间、水面空间外，还开始向广阔的地下空间进军。

地下构筑的街道、厂房、交通路线等，不破坏地形，不影响地面建筑，不损毁动植物，不受风、雨、雷、电的侵扰，耐震，节能，冬暖夏凉，具有不少优越性。

如今，地下的采光照明、调换空气、防潮去湿、隔声消音等工程技术问题，都已能解决，人在地下完全可以过着与地面上一样舒适的生活。一些发达国家很早就重视地下空间的利用。自 1863 年英国伦敦地铁通车以来，有近 60 多个国家和地区、100 多个城市，已经修建地下铁道和地下街。有的还建造多层地下室，如日本的达 8 层，美国的达 9 层。有的把战略军事设施、机密工厂转入地下；有的把地铁与人防工程相结合；有的地铁车站成了交通和商业枢纽；有些重要城市都有地下街和地下城，许多停车场转入地下；有的天桥与地道共存，从而大大缓解了交通的阻塞。有的把油库、仓库和危险品、化学品贮藏室搬人地下，甚至利用地下进行爆炸实验……总之，地下空间的利用，可以说是方兴未艾。地下潜藏着巨大的宝贵空间资源，正在等待人们去进一步开发利用。

废报纸的多种用途

世界上每年都有大量废报纸产生，过去主要的回收利用是送造纸厂制造再生纸浆。如今，美国有两家研究机构对废报纸开发出两种利用价值更高的新用途。

首先，可用废报纸改良土壤。美国土壤学家爱德华兹试验将废报纸屑和鸡粪按质量比4：1混合，犁人寸草不长的硬质土中，再浇人适量水，存在于鸡粪中的基肥细菌在适宜的条件下使纸屑膨松，纤维变质，不到3个月，土壤即变得松软异常，适合牧草、大豆、棉花等作物生长。农学家们已准备用此方法，把美国阿拉巴马州的大片硬质贫瘠土地改造成为粮食、蔬菜地和果园。

其次，可用废报纸生产饲料。美国用豆油基质油墨印刷的报纸比例很大，这种油墨对人畜无害。美国伊利诺斯大学动物营养学教授伯格为这类废报纸找到了更好的出路——补充牛羊饲料。其理论根据是废报纸中含有丰富的纤维素，这是由大量葡萄糖单元紧密结合的长链分子。伯格教授建议将废报纸切碎，加入水和浓度为2%的稀盐酸煮沸2小时，这时纤维素分子发生断裂，逐步形成动物能够吸收的各种简单糖类的混合物。伯格在牛羊的普通青饲料中掺入20%－40%这种纸制糖类混合物，牛羊仍吃得津津有味，消化良好。据动物学家估计，只要在牛饲料中添加20%这种废报纸混合饲料，那么，全美国拥有的3000万头牛将轻而易举地把铺天盖地而来的各种旧报纸全部消化掉，转变成奶和肉。

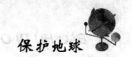

回收废纸，保护森林

废纸并不直接用于保护森林，但废纸的回收利用，可节约用于造纸的木材，因而间接地减少了对森林的采伐量，从而起到保护森林资源的作用。

回收1000千克废纸，可生产800千克的再生纸，节约木材4立方米，相当于保存17棵大树。一个大城市一年丢弃的废纸可有万吨，相当于每年砍伐数十万棵大树。

把废纸回收起来用作再生纸生产，除了有保护森林资源的意义外，还有相当可观的经济效益。比如建造一个以废纸为原料的纸厂，可以省去以原木为原料造纸时的原木加工处理工序，因而节约投资50%；另外用废纸造纸，水、电、煤、烧碱的消耗也大大减少。所以，世界各国对废纸的回收利用相当重视。如日本东京的废纸回收率为78%，全国有一半废纸回收。英国谢菲尔德市全市丢弃2.7万吨废纸全部用于再造纸浆。德国的废纸有83%回收。美国是废纸利用和废纸出口的大量。

废纸原是废弃物，回收利用之后可省却作为垃圾的处理费用，减少对森林的开伐量，再生纸晶又有商品价值，真可谓一举三得。

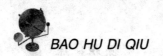

粉煤灰变资源

燃煤发电厂排出的粉煤灰，往往造成严重的环境污染，特别在使用劣质煤地区，灰分多，每发一度电需排出粉煤灰0.3千克。

粉煤灰弃之为废物，用之则为极宝贵的资源。就粉煤灰的矿物组成来看，80%的颗粒为表面光滑的玻璃体，这是其他火山灰材料所没有的优异特性，这种特性使粉煤灰可成为建材工业中的一种优质原料。

早在20世纪60年代，上海已利用粉煤灰生产墙体材料。20世纪70年代，宝钢上马时，即用粉煤灰渣代水淬矿渣筑路，节约资金70万元。近年来，上海市又在建筑行业推广建筑砂浆中掺磨细粉煤灰或原状灰，以代替部分水泥、黄沙和石灰膏，已有60%的搅拌站用上了磨细粉煤灰。为此，上海市每年排出的约90万吨粉煤灰，利用率已达83%。

不少专家认为，开展粉煤灰的综合利用，不仅技术上已日臻成熟，而且经济效益、社会效益和环境效益都十分明显。为此，实现粉煤灰废渣资源化、资源产品化和产品系列化是完全可能的。

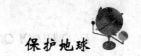

环保家具

20世纪80年代，美国科学家发现，室内有毒物质的污染比室外多，有的甚至高出100倍。而室内的污染主要来自建筑材料和家具中所含的化学合成物。在新式家具和现代装潢的住宅内，甲醛是含量相当高的污染物，它隐藏在我们居室中，引起慢性呼吸道疾病、妊娠综合征、染色体异常乃至鼻咽癌。

随着科技的进步和环保意识的不断增强，自然简朴的“环保家具”将成为世界最新家具设计的流行主题。它大致有以下一些特点：图案多为简单的条纹、格子纹、碎花和原色调设计；材料采用纯棉布料，因而布沙发越来越受到人们的欢迎。木器家具以原色为主，甚至不采用任何油漆工艺，以减少对环境造成的化学污染，同时也富有田园气息。利用纯羊毛或采用碎布编制拼成的小地毯，做到物尽其用。高贵大方的皮沙发仍有一定市场，但为保护环境需要，制造商则更多地用未经漂染的优质水牛皮来做沙发。充满自然风味的藤器、竹器家具，又重新受到欢迎，它们既典雅，又符合环境保护要求。这些必然也是我国家具发展的方向。

海洋环境疗法

漫步海滨，那扑鼻而来的略带鱼腥味的“海滨气息”，不仅使你心旷神怡，而且对治疗多种疾病有良好的效果。

研究发现，在35～37℃的海水中，含有多达70余种的矿物质和微量元素，它们能缓慢地透过皮肤进入人的肌体。海洋中的浮游生物能分涉一些具有抗菌作用的物质和某些激素，它们有抑制微生物生长、解毒和调节人体内分泌的功能，对风湿痛、关节痛、腰背痛、神经痛具有良好效果，也可用来治疗静脉炎、静脉曲张和水肿，据称对妇女产后康复尤其理想。

美国沃里克学院的约翰·金博士设计了一个“模拟海滨实验室”，使进入实验室的人完全与身临海滨一样，然后，让抑郁症患者进入实验室，用先进仪器测试患者前额肌肉松弛程度，结果发现这部分人的肌肉松弛程度显著改善，表明患者心情舒展，抑郁缓解。

人们还发现把海藻和海泥涂敷身体局部和全身，有镇痛效果。有研究认为，不同地区的海洋环境具有不同的治疗功效，如拉蒙什大西洋海岸的空气有强壮、兴奋作用，而地中海沿岸的空气则有镇静作用。随着研究的不断深入“海洋环境疗法”必将得到越来越广泛的应用。

生态工艺

在现代化的工业生产中，为了高效率地利用资源与能源，有效地保护环境，就需要用生态工艺代替传统工艺。

生态工艺是指无废料的生产工艺，则传统工艺则要向环境排放大量有毒有害物质。无废料是相对而言的，指的是整个工艺过程不向环境排放有毒有害物质，这是对生态系统中能量流动与物质循环的模拟。在这样的生产过程中，从环境输入的物质和能量进入系统后，在第一阶段生产中产生的废物，被用来做第二阶段生产的原料，依此类推，直到最后阶段生产产生的废弃物，才从系统中输出，进入环境。这时的废弃物已不再对生物或人体产生毒害作用，而能被环境净化。这样，生态平衡也就不会受到冲击，既高效地利用了资源和能源，又使工业生产与生物圈的能量流动和物质循环相互协调起来，成为生物圈中的一个组成部分。

生态农业就是一个高效率利用太阳能，同时又能在生产中充分利用废物，促进物质良性循环和转化的农业生态工艺。如农民养鸡，用鸡粪养猪，再用猪粪生产沼气，沼气渣养鱼，就把每一阶段的废物连续利用起来，从而高效地利用了资源，保护了环境。

坎儿井

坎儿井是一种特殊的地下引水工程，它是我国维吾尔等民族发明和创造出来的。据考证，2 彻0 多年前，坎儿井就出现了。它古称为“井渠”，在我国的《史记》中已有记载。

坎儿井是干旱地区的人民巧妙地利用地势倾斜，进行人工挖掘的地下引水工程。每次坎儿井由直井、地下暗渠、地面渠道和涝坝 4 部分组成。直井不是为了取水，而主要用于通风、挖掘时取土，以及用作维修时的通道口，最深直井可深达 100 米。地下暗渠是输水渠道，主要作用是截取地下水及把地下水引出地面。地下水在暗渠中流动，还可防止因气候干旱，而过多地蒸发。地面渠道的作用是从地下暗渠出口把水引到涝坝。捞坝是一个小型蓄水池，它的作用是蓄积来水，调节灌溉量。在涝坝的周围，因为引来了水，可以种植树木，开垦农田，就成为一片生机盎然的绿洲。

坎儿井的挖掘是有特定的地理条件要求的。像吐鲁番盆地四周环山，盆地内降水稀水，但四周高山上积蓄了大量冰雪，每年夏季冰雪融化，水便沿山坡流下，到盆地边缘的砂砾层就钻入地下，变成地下潜水。吐鲁番人就用挖坎儿井的方法，截取地下潜流，引出地面用于灌溉，从而使干旱著称的火洲，开辟成为瓜果飘香的乐土。

恢复沼泽地

沼泽地在世界各地都有，分布很广。我国东北地区、西南地区的沼泽地面积较大。

人们想方设法把沼泽地的水吸干，使之变为耕地，种植粮食和蔬菜。近年来芬兰、瑞典等国却又把早年疏干、改造为耕地的沼泽地重新灌水，恢复成沼泽。这是什么原因呢？

原来，沼泽会为人类带来一定的利益。以我国贵州省西北部的沼泽地为例，这个沼泽地占地数十平方千米，杂草丛生，覆盖如茵，人们把它叫做“草海”。“草海”是候鸟栖息的好地方。在那儿越冬的候鸟达50多个品种，其中有被列为国家一级保护的珍禽丹顶鹤，另外还有水獭、海狸鼠等珍贵的毛皮兽也在此繁衍。“草海”除盛产鸟兽外，还不断地向天空蒸发大量水气，维持大气湿度，形成该地域较好的小气候，使这一带长年风调雨顺。可是在1972年，人们为了变沼泽地为耕地，种出粮食，花了很大投资，疏干“草海”，办起农场。结果，原沼泽中的禽兽游鱼灭迹了，越冬候鸟不再飞来了，小气候变坏了，而粮食产量低得可怜。人们算了一笔账，疏干后的“草海”，创造的经济效益仅是原“草海”的1/161，显然是得不偿失。于是，人们在疏干了的原沼泽地的农田里，重新灌水，使“草海”又恢复原先的面目，这颗高原绿色明珠又熠熠闪光了。

资源化利用垃圾

近年来，世界各国垃圾排放量日益增长，每年全球新增垃圾 80～100 亿吨。垃圾的大量增加，使垃圾处理已经成为世界性的难题。

目前，我国仍主要采用遗弃性的堆放、填埋、焚烧等传统方法处理垃圾。这些非资源化的垃圾处理方法，带来了严重的环境污染，而且占用大量土地。现在我国积存的垃圾仅工业废渣就达 53 亿吨，占地 600 平方千米。另一方面，还浪费了大量经过加工就可利用的潜在资源。因为我们日常生活排弃的垃圾主体——煤渣就具有多种再使用价值，它含有农作物所需要的磷、钾、钙、镁、锰等十几种元素，经加工可以作为农肥；破布、废纸都是造纸的好原料；杂骨可以提炼出价值很高的骨抽、骨胶和骨粉；工业废渣可以提炼和生产出各种有色金属和化工产品。

随着科学技术的发展，垃圾已被证明具有反复利用和循环利用的价值。早在 20 世纪 50～60 年代，发达国家就着手研究垃圾资源化问题，到目前，西欧各国垃圾资源化率已超过扔%。通过高温、低温、压力、电力、过滤等物理和化学方法对垃圾进行加工，使之重新成为资源，一方面解决了垃圾成灾，污染严重的问题，同时也为摆脱资源危机另辟蹊径。所以，我国应大力发展垃圾的资源化利用。

水土流失需要综合治理

目前我国水土流失面积达150万平方千米，平均每年流失约50亿吨土壤，尤以黄土高原水土流失最为严重。因此，防止水土流失、开展水土保持工作在我国具有特别重大的意义。

过去对水土流失地区，往往强调单一措施，而广东省兴宁石马镇近年来采取综合措施，积极治理水土流失，取得显著成效。石马镇是韩江上游的水土流失重灾区，区内有27个自然村的耕地和土地，水土流失面积达25.88平方千米；年侵蚀量达40万立方米，60多万平方米良田变成沙滩或沼泽地，部分河床高出地面2米，严重地威胁着农业生产的发展。

1985年以来，他们对水土流失区实施综合治理和连续治理的方针。一方面抓工程治理，对崩口采取上拦、下堵、中间导等措施；另一方面抓好生物治理的配套，做到工程治理一项，生物治理一项。主要采取针阔叶林间种，林果间种，林竹间种，林草间种的方法，因地制宜，多种经营。为巩固治理成果，他们强化行政手段，进行严重管理。可以割草的半封山区，建立定期开放、定点割草、护林员过目检查等制度，确保林木不遭破坏。通过这些措施，已使河床降低0.6米，恢复耕地40多万平方米，大大减少了灾害，确保了粮食和经济作物丰收。如今，石马镇综合治理水土流失，促进生态系统平衡的经验，已引起省内外专家的重视，并被评为治理水土流失的先进单位。

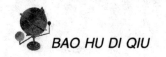

发展沼气

长期以来，我国农村能源供应不足。20 世纪 80 年代，全国还有 40% 的农户缺柴烧。由于煤、油、电的缺乏，直接燃用生物质能源，加剧了对树木草料的采伐，造成水土流失，沙漠化面积扩大，而且由于秸秆不能还田，土壤肥力下降，结构恶化。

发展沼气是解决我国农村能源短缺，改善农村环境的切实可行的途径。沼气是有机质（秸秆、水生植物、藻类、粪便等）在厌氧和一定的水热条件下，通过微生物作用转化而成的产物。主要成分有二氧化碳、氨、水、甲烷和氢等，热值在海立方米 20.9 ~ 37.7 千焦，是取之不尽，用之不竭的可再生能源。作物秸秆直接用作燃料，一个五口之家每天约需 25 千克，而将秸秆发酵制成沼气，由于热效率的提高，每天仅需要 14.4 千克，可节省燃料 42.4%，而且秸秆、粪便等炼制沼气后产生的沼渣、沼液还是优质有机肥料，还田后，不仅肥效高，还能疏松土壤。此外，沼渣还能用作饲料，养猪、养鸭、养鱼。

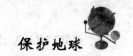

可降解性塑料

塑料是我们日常生活和工业生产中都不可缺少的一种重要产品，我们平时使用下来的废旧塑料，除了极少数被回收利用外，绝大部分被焚烧。塑料焚烧产生大量有害气体，不仅给大气造成严重污染，也对人类健康构成不可低估的危害。为了解决废旧塑料的污染问题，人们研制开发了一种新型塑料，它就是司降解性塑料。

可降解性塑料有光降解塑料和生物降解塑料两种。光降解塑料是在塑料中添加光敏剂，加速其在太阳光紫外线照射下的老化，以达到分解塑料的效果；生物降解塑料是将淀粉等天然材料的分子嫁接到组成塑料的大分子上去，由于土壤和水体中微生物对淀粉的分解作用，使塑料的长分子链断裂成为易被微生物分解、吸收的分子链。

可降解性塑料不仅与普通塑料一样具有安全可靠的特点，而且它能同时解决普通塑料丢弃后不易腐烂或焚烧后带来的污染等各种危害的问题，成为塑料工业的发展方向。

生态农场

生态农场是保护环境、发展农业的新模式。它遵循生态平衡规律，在持续利用的原则下开发利用农业自然资源，进行多层次、立体、循环利用的农业生产，使能量和物质流动在生态系统中形成良性循环。

例如在一个农场里，水稻、蔬菜、树木是构成转化太阳能的“生产者”，农场里养的猪、羊、牛、鸡、鸭是生态系统中的“消费者”，稻草、树叶和蔬菜加工成动物饲料，而动物粪便和肉类加工厂排出的高浓度有机废水，送到嫌氧发酵的沼气池内，通过微生物分解生产沼气，为农场的生产、生活提供能源。沼气生产过程中产生的沼渣，经处理制成颗粒饲料喂猪养鸭，沼液可作液体肥料灌溉农田或养鱼，这就形成了一个完整的生态循环系统。

上海崇明东风农场以奶牛场为中心，从处理畜粪尿开发沼泽人手，综合解决能源、环境、饲料等问题。它还采用沼液无上培青饲料，不受季节、气候影响，均衡地供奶牛食用；利用土地净化功能，集中有机废水排放到水生作物如茭白、藕等的田里，经过大面积土地漫流，不仅净化了废水，而且充分利用了有机废水的养分，促进了水生作物的丰收。

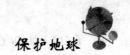

健康纤维

近年来，一种新颖的“自然服装”正在美国、欧洲大陆和日本流行。其面料全部采用自然纤维，如棉布、亚麻和丝绸，颜色也采用自然色。

特别引人注目的是，日本针纺公司采用中草药、植物香料和茶叶树茎为原料，经高技术“炮制”的衣料，正在以“健康纤维”的概念给日本和世界各地的消费者带来福音。“健康纤维”具有抗菌、防臭、吸汗以及治病的功效。针纺公司至今已推出百余种含中草药有效成分的衣料。用“健康纤维”制作的衬衫、大衣、礼服等服装虽然售价比。普通服装高出10%～20%，但因其花色自然，仍倍受消费者青睐。新的研究发现，茶叶和茶树树茎经分离加工技术处理后，能提取和开发出一种名为“阿涅尔”的有效成分，该成分可以中和人体的体味，起到抗菌防臭等保健作用。用它作染料染制的面料，可以耐受50次的洗涤，并且在成衣过程中不会褪色和变形。

加快禁烟步伐

吸烟不仅污染环境，更重要的是危害身体健康，因此，吸烟被称为人类的主要“杀手”之一。目前；全世界共有人口近55亿，而吸烟者竟多达12亿，占总人口的22%左右。在发达国家，吸烟者达30%左右；在发展中国家，男性吸烟者多达50%。世界卫生组织指出，吸烟是肺癌和心血管病高发的主要原因，在全球每年死亡的5000万左右人口中，有300万人死于吸烟。这个组织预测，如果按目前趋势发展下去，到2020年，全球每年将有900万人死于吸烟，吸烟已成为人类的主要死因之一。

为了减少吸烟带来的危害，世界卫生组织要求全球各地区加快禁烟步伐，并确定每年5月31日为世界无烟日，明确“卫生服务部门要成为无烟环境的窗口”。英国曼彻斯特一家医院的医生联名写公开信指出：“如果谁不停止吸烟，便得不到手术治疗。”这是规劝戒烟的一个好办法。

第46届世界卫生大会上，与会者通过了一项决议，提议禁止在联合国系统的所有大楼内吸烟。国际民用航空组织通过一项决议：从1996年7月1日起，禁止在国际商业航班飞机上吸烟。不少国家并通过取缔烟草广告、加强罚款等措施，以大大减少吸烟对公共环境和人体健康所造成的危害。

野生植物，热门食物

随着环境的变化，许多长期沉寂在荒山野岭的野生植物纷纷进入食品科学的研究视野，并成为热门食物。

我国正在开发和尚待开发利用的野生植物多达数十种。如过去不十分了解的沙棘，经过加工提炼后可制成营养丰富的饮料、果浆、果酒、罐头等食品。它的制品含有钾、钙、镁等矿物质和维生素 A、B1、B2、C 及黄酮类物质，其中维生素 C 的青量超过苹果、葡萄、山楂等水果，具有降血压、抗菌消炎、清热解毒、健胃补肾、活血止痛等功效。再如盛产于内蒙古、黑龙江的黑加仑子，用它制成的食品含有葡萄糖、蛋白质、有机酸、矿物质、维生素和黄酮类化合物。研究结果表明，它的果汁中还有亚硝酸阻断物质，对癌细胞形成具有抵抗作用。国内外营养学家发出呼吁，提醒人们饮食要回归大自然，并且提倡发展无污染、洁净的功能食品。目前，食品工业的原料几乎无不受到来自工业的污染，如放射性、农药残留、兽药残留、激素、有毒的重金属元素等。因此，野生植物逐渐成为热门食品。

控制使用合成色素

服装需要色彩，食物也需要色彩装点打扮。合成色素以着色力强、色泽鲜艳、成本低而被广泛应用于食品工业。

合成色素是将石油或煤焦油中提炼出来的化工原料，用化学方法合成的食物染料。目前世界各国允许使用的人工合成色素约有60多种，但根据毒性试验，有些合成色素对人体有显著的毒性或致癌作用。人体少量地摄入合成色素，不会立即引起反应，但是它们能附着于胃肠壁，在体内富集，干扰多种活性酶的功能，从而使糖、脂肪、蛋白质、维生素等的代谢和激素合成受到影响，诱发胃肠疾病。因而合成色素被严格控制生产和使用，有的则被禁止使用。为了保护人民健康，我国只允许使用苋菜红、胭脂红、柠檬黄和靛蓝等4种合成色素，并严格规定了用量和使用范围。在肉类、鱼类、乳制品、婴儿食品及果脯、糕点、调味品等食品中，不得使用合成色素，消耗量大的冷饮、汽水等也不宜使用合成色素。

不少学者倡导使用天然色素。天然色素直接来源于动植物，大部分较安全，有些还有一定的营养价值或药理作用。我国使用天然色素对食品着色，有悠久历史，像叶绿素、姜黄、辣椒红、胡萝卜素、紫草茸等是深受欢迎的天然色素。

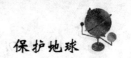

黑色食品

近年来，国际市场上“黑色食品”消费成为一种时尚。所谓黑色食品，主要指天然色素是黑色或紫红色的食品，如黑米、黑豆、黑芝麻、黑木耳、香菇、发菜等。其特别为营养比较丰富、全面，结构合理，集天然的色、香、味和保健功能于一体。检测表明，食物随着天然色素由浅变深，其营养成分愈多，含量愈丰富，结构愈合理。以豆类为例，白豆含蛋白质约22%，黄豆为36%，青豆为37%，黑豆则高达49%。又如黑米，它含有白米所缺乏的胡萝卜素、维生素C等，其蛋白质、植物脂肪也比白米高0.5~1倍，B族维生素、矿物质比白米高1~3倍。

具有保健功能的黑色食品，是当今世界的新潮食品，它集色、香、味、保健于一体，在生物工程、农产品加工和食品工业综合利用上具有广阔的开发前景和巨大的经济和社会效益，已引起国内外的高度重视。

绿、蓝、白农业

以水土为主的农业生产称为“绿色农业”。绿色革命是发达资本主义国家为发展农业、增加粮食产量所提出的口号，目前是培育优质高产的作物良种，以更快的速度增加粮食产量，改善人类由于粮食不足而造成的饥荒，同时也改善日益遭到破坏的环境。人口的剧增，使绿色农业的负荷已到了临界线，因而“蓝色农业”、“白色农业”成为全球关注的热点。

蓝色农业是指开发海洋水域的农业生产。丰富的海洋资源被誉为“21 世纪人类的第二粮仓”。如果把海藻加工为食物，年产量可相当于当今世界小麦总产量的 15 倍以上。

“白色农业”也称为“微生物农业”或“生物细胞农业”。所谓“白色”，主要是因为其生产过程没有环境污染，并要求在洁净的环境中生产。早在 1000 多年前，我国农民就已懂得种豆可以肥田，土地休闲可以恢复地力，作物轮作可以减少病虫害，并掌握了积肥、造肥、制酒、制醋、制酱等工艺技术，这都与微生物直接有关。随着科技的发展，微生物的作用更令人刮目相看。例如仅利用世界石油总产量的 2%，就能生产出 2500 ~ 3000 万吨的单细胞蛋白，可供 20 亿人吃 1 年；又如我国农作物秸秆每年有 5 亿吨，只要用 20% 的秸秆发酵变为饲料，就可获得相当于 400 亿千克的饲料粮，等于全国饲料用粮的一半。由此可见，“蓝、白农业”大有可为。

环境污染物的“解毒剂”

茶是世界三大饮料之一。在环境污染日益严重的今天，茶的解毒功能日益受到重视，被冠以“解毒淋洗剂”、“抗癌饮料”、“防辐射饮料”等美称。

重金属污染对人体构成了严重威胁。震惊世界的10大公害事件中，有多起是由重金属污染引起的。特别是镉、铅、汞等环境污染物，广泛污染环境和食物，长期少量摄人会引起蓄积中毒。绿茶里的儿茶素和红茶里的茶黄素，能与这些重金属离子结合成不溶性的沉淀物，不被肠道吸收而排出体外。茶叶的利尿作用也有利于毒物的排泄。

亚硝胺与常见的胃癌、肝癌、肠癌等消化系统肿瘤密切相关。亚硝胺是由仲胺和亚硝酸盐结合而成。谷物、鱼肉的蛋白质分解以及食品烹调过程中均可产生仲胺，许多蔬菜中含有大量亚硝酸盐。已经证实，茶叶中的茶多酚和维生素C能有效地阻断亚硝胺在体内的合成，并能抑制细胞突变和癌细胞形成。

茶叶还有抗辐射作用。在第二次世界大战末期，在广岛原子弹灾难中长期饮茶的人存活率高。幸存者中，有饮茶习惯的人较不饮茶的人受辐射损害要轻。

一般每天以饮茶5克左右为宜，这样既能发挥茶的解毒作用，又可避免饮茶过量带来的过分兴奋等副作用。

天然矿泉水

白金是比黄金更昂贵的金属，可是在西方，人们把天然矿泉水誉为“透明白金”。

天然矿泉水之所以珍贵，是因为地表水受到严重污染，自来水水质不能保证。天然矿泉水是从地下深处获取或由地表自然喷涌出来的未受任何污染的水，这种水含有一定量对人体健康有益的矿物质、微量元素和游离的二氧化碳气体。研究表明，长期饮用天然矿泉水，确能起到延年益寿的功效。这也就是用山东崂山矿泉水生产的青岛啤酒享誉中外，用杭州虎跑泉水沏的龙井茶甘洌醇厚、清香四溢的原因。我国古代著名药学家李时珍就曾有过矿泉水治病的专门论述。

天然矿泉水在环境污染日益严重，人们愈加关心健康的今天，不仅有饮用价值，也给生产厂商带来巨大的经济效益。在欧洲，瓶装矿泉水的销售额每年递增15%，利润高达17%。瑞士雀巢公司每年通过矿泉水所创利润就达20亿法郎之巨。美国的“麦纳矿泉水”在过去.10年里销售额增加了70多倍。为了争夺矿泉水源的控制权，雀巢公司等厂商投入了数十亿法郎的资金，展开了一场如同当年石油大王争夺油井一样惊心动魄的经济大战。

中华大地的矿泉水源丰富，一是有待保护，使其不受污染；二是需要合理开发利用，让“透明白色”流人寻常百姓家。